Tornado（龙卷风）编程实战

——基于 Python 异步 Web 框架前后端分离

刘　悦　编著

北京航空航天大学出版社

内 容 简 介

本书是国内外少有的关于 Tornado 框架的专业技术书籍，旨在为读者提供全面、系统的 Tornado 框架开发指南。本书从 Tornado 框架的基础知识入手，深入介绍 Tornado 框架的核心概念、应用场景、开发技巧方面的内容，重点介绍使用 Vue. js＋Tornado 进行前后端分离 Web 开发的具体流程，快速高效地构建高性能、高并发的 Web 应用程序等。

本书读者对象为异步编程的入门人员、进阶人员、前端程序员等编程爱好者以及 Tornado 框架技术相关院校和培训机构相关师生。

图书在版编目(CIP)数据

Tornado(龙卷风)编程实战：基于 Python 异步 Web 框架前后端分离 / 刘悦编著. -- 北京 ：北京航空航天大学出版社，2023.11

ISBN 978-7-5124-4243-6

Ⅰ. ①T… Ⅱ. ①刘… Ⅲ. ①实时操作系统—软件开发 Ⅳ. ①TP316.2

中国国家版本馆 CIP 数据核字(2023)第 240741 号

Tornado(龙卷风)编程实战

——基于 Python 异步 Web 框架前后端分离

刘 悦 编著

策划编辑 杨晓方 责任编辑 张冀青

*

北京航空航天大学出版社出版发行

北京市海淀区学院路 37 号(邮编 100191) http://www.buaapress.com.cn

发行部电话：(010)82317024 传真：(010)82328026

读者信箱：copyrights@buaacm.com.cn 邮购电话：(010)82316936

涿州市新华印刷有限公司印装 各地书店经销

*

开本：710×1 000 1/16 印张：15.75 字数：354 千字

2024 年 1 月第 1 版 2024 年 1 月第 1 次印刷

ISBN 978-7-5124-4243-6 定价：79.00 元

前　言

基于 Tornado 框架的并发异步编程技术在当今软件开发中具有极其重要的地位，它使我们能够有效地开发性能更强、响应更快、资源利用率更高的应用程序。

业内关于并发异步编程的文章和书籍可谓凤毛麟角、寥若星辰。按照固有思维模式看，并发异步编程是一项非常复杂的任务，需要深入了解并发编程模型、多线程同步、锁、死锁等概念。对于初学者来说，学习曲线非常陡峭，这使得很多作者不敢涉及这个领域。务实地讲，对并发异步编程进行系统的介绍和讲解，是本书的创作初衷，对于并发异步编程来说，应该是做出重新评价和选择的时候了，现实既提供了条件，也提出了紧迫的要求。

本书主要结合前后端分离的系统架构来介绍异步非阻塞程序系统的开发和设计，异步程序可以同时执行多个任务，从而提高系统资源（如 CPU、内存、磁盘和网络）的使用效率。异步编程则通过非阻塞的方式，保证程序在等待某些操作完成（如 I/O 操作）时，仍然能够处理其他任务，进一步提高了系统资源的利用率。

本书从项目的实际需求提取讲起，循序渐进地深入到 Tornado 基础与实战，通过一个工业级别的完整项目，重点介绍了使用 Vue.js+Tornado 进行 Web 开发的具体流程，让读者不但可以系统地学习 Tornado 并发异步编程基础，而且还能对企业内部基于 Tornado 实际项目开发有更为深入的认识和理解。

本书是国内外少有的关于 Tornado 并发异步编程的专业技术书籍，宏观上讲，也是一本企业级别的异步项目研发指南。本书以项目的需求分析作为切入点，第 1～2 章详细介绍 Web 框架的选择以及如何进行技术预研；第 3 章通过一个简单的博客项目来介绍Tornado 基础功能；第 4～9 章通过一个完整的企业级别的项目来介绍异步项目的研发流程；第 10 章则介绍研发完毕后的项目部署环节。如此，读者就可以通过本书轻松踏上并发异步编程开发之旅，在实践过程中丰俭由己地掌握各种并发异步知识和技能。

最后，感谢北京航空航天大学出版社张冀青老师不辞辛劳为本书的出版所做的编辑和校审工作。

由于笔者水平有限，书中难免有不成熟和错误的地方，还望读者批评斧正。读者反馈发现的问题可发信至邮箱：zcxey2911@gmail.com。

作　者

2023 年 4 月

目　　录

第1章 项目概述：分析需求和功能提取

我常常在想，一名优秀的开发者到底需要具备什么样的素质？现在，我知道了，但却希望能够早一点知道。

一切始于不久之前的一次技术面试，坐在我面前的面试者是一位有着十余年开发经验的“老兵”，他的思维敏捷，对于任何技术点，总能侃侃而谈。不难发现，他是个极富理想主义情怀的技术“极客”[①]。念兹在兹的，更多是技术的纯粹性，专注于如何解决问题，但是对于技术的执念往往让他忽略了问题本身，也就是需求。这也是他十余年开发生涯留有遗憾的地方。言谈之间，颇有几分“纵有先辈尝炎凉，谅无后人续春秋”的悲怆感。

醉心于技术而忽略了需求分析的能力，也往往是一些刚刚入行的新人普遍会犯的错误。诚然，专注技术并不是什么缺点，但是结合目前国内的真实环境来看，很少有岗位能让人专心搞“科研”，而更多的，开发人员必须得在需求和产品经理之间进行斡旋。所以一名“优秀”的开发人员除了要有过硬的技术实力，还需要具备分析需求以及沟通的能力。这可能是一名纯粹的开发者不屑于做的，但也是必须做的。

任何一个项目，都需要经历需求分析、功能设计、项目实施、项目测试、部署等步骤。对于专业的开发人员来说，在项目立项会上对产品经理提出的所有需求进行分析和评审是一项必不可少的环节，这可以避免一些可能根本无法实现的需求导致项目的“返工”或者“流产”。

当然，需求分析能力也需要沉淀和积累，主导项目立项的人往往也是能够独立承担项目的人。这里“独立承担”指的是能够以一己之力完成项目的各个功能点开发。这样的人往往已经历过几个项目的开发周期，谙熟门路、驾轻就熟。在其独立开发项目的能力得到证明之后，就可以主导其他项目了。

作为一名优秀的开发者，对需求的理解和把控尤为重要，需要站在产品经理甚至用户的角度去思考和感受；在开发过程中，与产品经理和用户保持紧密的沟通和反馈是至关重要的。通过频繁的交流，我们可以及时了解他们的期望并做出调整，及时解决问题和改进产品。持续的迭代和反馈循环将帮助我们打造出更加完美的产品。

总而言之，开发者不仅要精通技术，更要站在产品经理和用户的角度去思考和感受。只有通过深入了解需求、关注用户体验，并将其转化为高效的技术实现，我们才能成为满足用户需求的卓越开发者。只有这样，我们才能在激烈的竞争中脱颖而出，

---

① 极客是美国俚语 Geek（音标[giːk]）的音译。随着互联网文化的兴起，这个词含有智力超群和努力的意思，又被用于形容对计算机和网络技术有狂热兴趣并投入大量时间钻研的人。

为用户带来真正有价值的产品。

1.1 分析需求

培根的名言“知识就是力量”一度是很多人的信念。近几十年来，技术变革已经影响到知识的创造方式、传播方式和处理方式。现今，知识付费、知识变现已成为当下热潮，新的理念“知识就是商品”正逐渐改变人们的认知，因此在线教育平台应运而生。在这个平台上，既可以为创作者们提供知识变现的机会，也可以让求知者们通过付费升级自己的认知，本节将对在线教育平台这个项目的背景和相关需求进行分析。

1.1.1 需求描述

从本质上来讲，在线教育平台就是将教学资源进行数字化、互联网化，所以至少要具备以下功能：

1. 课程体系

① 支持在线课程的上传及播放；

② 课程支持多种无限极分类；

③ 支持支付宝、PayPal 等付款方式购买课程。

2. 学习体系

① 学生能在线观看站内或者站外的课程；

② 多种检索方式帮助学生查找课程；

③ 学生可以与在线客服进行沟通和交流。

当然，这只是一个相对简单的需求描述，暂时还无法确定这个项目最终的功能，因为这只是将项目灵感的大体轮廓描绘出来，就如同我们准备写一本书，一定会先把大纲列出来一样，细节并没有涉及。

此时开发者虽然对在线教育平台只有一个初步的认识，但并不妨碍他从自己的角度思考：开发这样一个在线教育平台需要实现哪些功能？在这个过程中，开发者和产品经理之间必然会存在争议或者探讨，这都是正常的。

当所有人都对在线教育平台有了基本的概念之后，我们就可以正式进入项目立项的需求评审了。项目的产品经理主要负责梳理需求，让开发者明确地获知具体的需求点是什么，将功能归类并且设计架构，建立对应的数据模型，等等。

1.1.2 需求评审

需求评审作为项目立项的最重要一个环节，其主要目的有四个：

① 讨论细化所有的需求，避免不同角度理解上的出入。

② 明确每一个需求的可实现性，规避后期可能出现的返工或者项目延期。

③ 对于每一个需求点,大家必须在结论上达成一致,如有争议可考虑将该需求暂时搁置或者放到下一个项目版本中。

④ 明确分工以及确认开发周期。

在立项需求评审会上,务必要对各需求点进行核对。这里将在线教育平台分为三个终端:公共端、老师端和学生端,然后分别对所处终端的需求进行评审和分析。

① 公共端部分:

- 平台用户需要注册个人账号用以登录;
- 为降低用户的登录流失率,支持 Web 3.0 社交账号的三方登录机制;
- 可以在平台中进行关键词的检索并且展示课程列表;
- 拥有完备的内容审核机制;
- 拥有实时消息推送系统;
- 拥有在线客服系统;
- 应考虑到耦合度问题,前后端分离架构;
- 针对课程内容有完备的内容审核机制,保证内容安全。

② 老师端部分:

- 可以在后台发布课程;
- 可以上传课程配图以及录播视频;
- 支持课程无限极分类;
- 可以针对课程进行管理。

③ 学生端部分:

- 可以通过支付宝、PayPal 等付款方式购买课程;
- 支持退款功能;
- 记录课程浏览量。

在真实的项目立项会上,有一定经验的产品经理和开发者并非事无巨细地对每个需求点都要进行讨论,相对简单的需求只要大家在意见上达成一致即可。有争议的需求点,才需要反复讨论确认,有些功能可能产品经理自己也拿不准,或者在过往的项目经验中没有接触过,此时,作为开发者可以给产品经理提出意见或者建议,对于一些不合理或者难以实现的需求也要及时提出来。

项目立项评审会很有可能一次并不能解决所有问题,所以多次开会讨论是普遍现象。在中大型企业里,“约会”是一个成熟技术团队的家常便饭。有一个原则底线大家要明晰,就是完成需求是开发者的本职工作,用户需求永远是工作中优先级第一位的,不能因为觉得麻烦或者有难度就对需求进行搪塞和推诿。

当所有需求都讨论通过之后,需要产品经理将需求明细落实到 PRD(Project Requirements Document)上面,也就是我们常常说的产品需求文档。需求文档的重要性不言而喻,因为很多东西如果不落实到文字层面,在项目进行中如果出了问题就很难追溯;况且,如果没有文档作参考,只靠“口口相传”,需求的准确度也会大打折扣。

在下一节中，我们将对需求明细进行梳理，把需求转换为技术层面上需要实现的功能。

1.2 功能提取

在 1.1 节中，我们对需求进行了分析和评审，需求明细也已经落实到了产品需求文档上面。本节将对产品需求文档中的需求进行提炼，将功能点提取出来，转化成为功能列表，进而再根据功能列表规划数据库模型。

1.2.1 功能点列表

从确定的需求列表中，我们可以逐条筛选出在线教育平台应具备的功能点：

- 前后端分离架构；
- 有搜索功能，可以针对课程标题、描述进行全文检索；
- 可以根据课程分类查看课程列表；
- 站内消息可以实时推送；
- 有在线客服系统；
- 首页可以展示课程列表，可以根据课程评价倒序排列；
- 支持首页(列表页)需要分页展示；
- 有生成订单功能；
- 支持第三方支付功能(支付宝、PayPal)；
- 支持第三方登录功能(Github)；
- 可以记录课程访问量；
- 支持课程 CURD(Crete Update Read Delete，增加、修改、查找、删除)操作。

1.2.2 UML

有了明确的功能列表之后，我们就可以进行数据建模的操作。UML(Unified Modeling Language，统一建模语言)，始于 1997 年的一个 OMG(Object Management Group)标准，它是一个支持模型化和软件系统开发的图形化语言，为软件开发的初级阶段提供模型化和可视化支持。这里我们使用 UML 把 1.2.1 小节的功能点列表转化为可视化的数据模型图，并且将模型之间的数据关系标注出来。这样既可以将功能点梳理清楚，也可以确定数据库表结构的大体轮廓，如图 1－1 所示。

至此，数据模型及其关系就梳理清楚了。我们可以看到，用户和课程是在线教育平台系统的核心，下一步就可以根据数据模型关系对功能点进行项目模块的划分了。

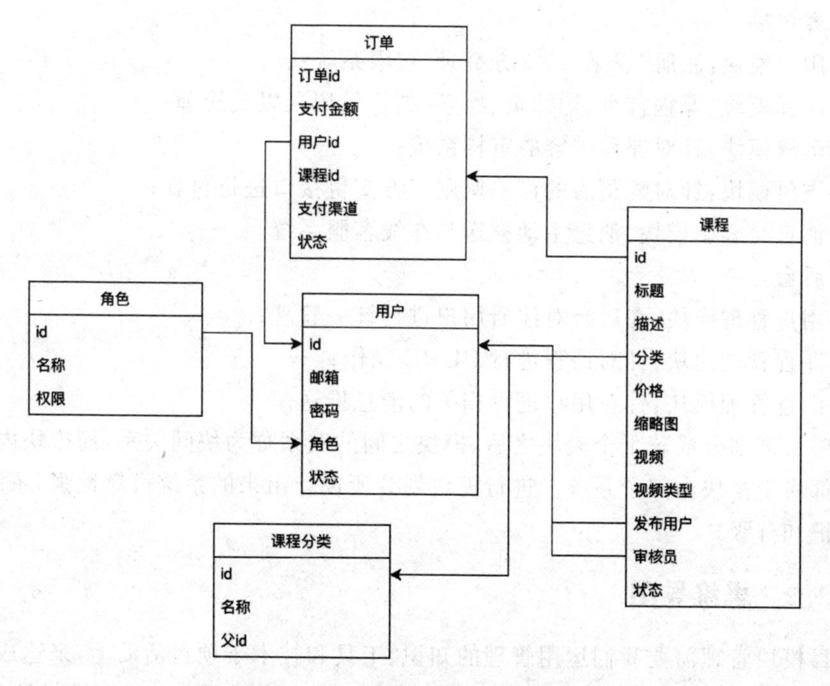

图 1-1 UML 数据模型关系图

1.3 项目模块

在 1.2 节我们已经将功能提取出来并且建立了数据模型,接下来需要对项目的模块进行划分,这样可以让项目的整体结构更加明晰。对于一个开发团队来说,也可以根据项目的具体模块分配任务。

1.3.1 模块划分

在进行模块划分时,很多情况下不能够清晰地把握每个模块的具体内容,往往从需求归类或者数据统一的角度对模块进行设计。这种设计理念是对的,但如果只是单纯地从这几个方面进行模块设计,可能会出现另外一些情况。比如设计的某个模块,虽然数据接口统一,但是内部实现的功能非常多。单一模块的规模过大,包含的内容过多。这样设计模块会导致什么问题出现呢?

一个模块包含的内容过多,则会导致程序实现难度增加,数据处理流程变得复杂,程序维护性降低,出错范围不易确定等情况出现。同时,模块实现的功能丰富,也会导致接口繁多,与其他模块之间的独立性就得不到保证,而且,一个模块包含内容太多也会给人凌乱的感觉,影响对程序的理解。

所以,遵循独立和简化的模块划分原则,从在线教育平台功能层面上来讲,可以分为两大部分:一部分是客户端,一部分是后台。

① 客户端：

- 用户模块：注册/登录、第三方登录、权限系统；
- 课程模块：课程首页、详情页、检索、浏览量记录以及管理；
- 审核模块：针对课程内容的审核系统；
- 支付模块：针对购买后的订单调用三方支付接口进行付款；
- 消息与客服模块：消息主动推送与在线客服系统。

② 后台：

- 用户管理模块：在后台对注册用户进行统一管理；
- 课程管理模块：针对课程进行 CURD 操作；
- 消息管理模块：针对用户进行相关的消息推送。

当项目被划分成若干个模块之后，模块之间的关系称为块间关系，而模块内部的实现逻辑都属于模块内部子系统。进行模块划分所设计出来的系统可靠性强，系统稳定，利于维护和升级。

1.3.2 思维导图

项目模块管理需要我们运用管理的知识、工具和技术于项目活动上，来达成解决项目的问题或达成项目的需求，所以是一项综合复杂的任务，而思维导图的系统性、可视化、全局掌控以及可变动性给了我们一个很好的项目模块管理方式。

上一小节中我们已经对项目进行了模块划分，那么配合思维导图可以把项目模块管理中的要素形象化地展示出来，有助于下一步行动。同时，思维导图还可以帮助我们进行条理性、系统性思考，对于项目管理负责人来说，更好地审视整个项目模块管理的各个环节至关重要。

我们通过思维导图来看看在线教育平台的全貌，如图 1-2 所示。

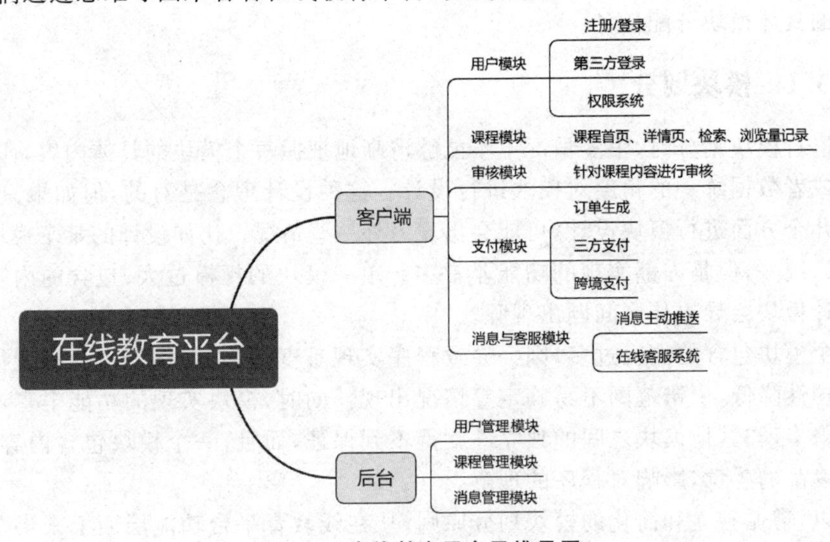

图 1-2　在线教育平台思维导图

1.4 本章总结

本章通过对项目需求的分析和评审,最终得到了要开发的具体功能,随后对功能进行了数据建模以及模块划分,并且以 UML 和思维导图的形式具象化了功能特点,便于开发人员理解。后续要做的,就是在明确功能点之后,怎样根据项目和功能的特点,挑选一款适合的 Web 框架进行开发。好的 Web 框架不仅能够提高我们的开发效率,还能降低维护成本,便于我们围绕该框架搭建起高并发、高可用的系统架构。

第2章　技术预研:Web框架的选择

在第1章中我们对在线教育平台的各项需求进行了详尽的分析和评审,罗列出了具体的功能点,并且对模块进行了合理的拆分。现在我们面临的问题是,根据现有需求进行 Web 框架的选择,这在传统互联网企业内被称为技术预研。

正所谓具体问题具体分析,在不同场景下使用不同的技术架构,其开发和维护成本也都不尽相同。在一般情况下,我们选择一款 Web 框架所考虑的因素有以下三个方面:

① 该 Web 框架学习曲线是否"陡峭"。这里的学习曲线可以理解为学习成本,也就是说,当技术团队拿到一款之前从未接触过的框架时,需要判断团队能否在短时间内上手并进行开发。

② 该 Web 框架是否能支撑业务的需求。这里的支撑业务是指两点:第一点是功能上的支撑,第二点是性能上能否满足后期不断增长的业务所带来的请求压力。

③ 该 Web 框架是否有良好的社区支持或者优秀的技术团队为其背书。

本章我们会详细阐述网络规范 WSGI(Web Server Gateway Interface,Web 服务器网关接口)和 ASGI 以及 Tornado 之间的区别,并且也会对比 Web 框架 Flask 和 Tornado,了解它们的特点和应用场景。

2.1　网络规范

众所周知,WSGI 规范在 Web 开发领域已经存在相当长的时间了。只要采用 Python 进行 Web 开发,其底层基本都是 WSGI 规范。无论是业界鼎鼎有名的 Django、Flask,还是一些相对小众的 Web 框架,搭配上 uWSGI、Gunicorn 等 Web 服务,并使用 Nginx 做反向代理,就形成了最典型的 Python Web 开发生态圈,这些组合相对稳定而高效。那么 Tornado 的出现意味着什么,与 WSGI 又有着什么样的关系呢?

2.1.1　WSGI

要想理解 WSGI,首先需要简单介绍一下什么是 CGI。CGI 的全称是 Common Gateway Interface,即通用网关接口,其定义的是客户端与 Web 服务器交流的一种方式。例如,在正常情况下 Client 发送过来一个请求,CGI 会根据 http 协议将请求内容进行解析,经过计算后再将计算出来的内容封装好。假设 Server 返回一个 JSON,并且根据 http 协议构建返回的内容格式(涉及 TCP 链接、http 原始请求)。上面的交互动作需要一套既定程序来完成,这就是 CGI,可以理解为一个中间代理的角色,如图 2-1

所示。

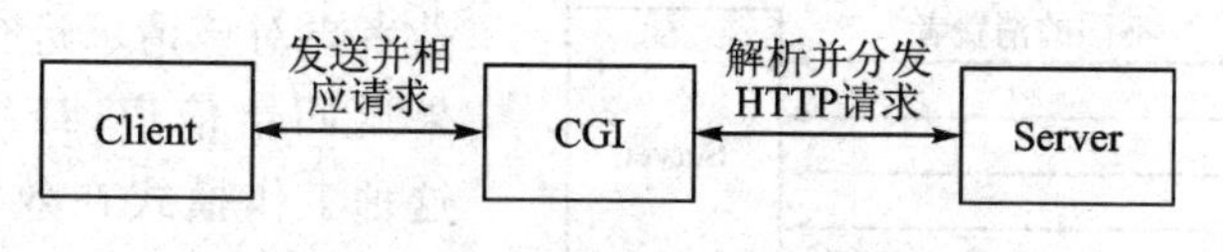

图 2-1 CGI 处理请求示意图

WSGI 就是在 WSGI 服务器和 WSGI 应用之间起调节沟通作用，也可以理解为，WSGI 就是以 CGI 为标准，基于 Python 所做的一些扩展。

WSGI 分为两种，一种为服务器或网关，另一种为应用程序或应用框架。所谓"WSGI 中间件同时实现了 API 的两方"，即在 WSGI 服务器和 WSGI 应用之间起调节作用：从 WSGI 服务器的角度来说，中间件扮演应用程序；而从应用程序的角度来说，中间件扮演服务器。

Python 自带的 wsgiref 模块可以实现上述 WSGI 工作流程。这里使用 wsgiref 模块实现一个简单的 WSGI Server 的例子，读者可以对 WSGI 工作流程有一个相对感性的认识。

```
from wsgiref.simple_server import make_server
def application(environ, start_response):
    start_response('200 OK', [('Content-Type', 'text/html')])
    return [b'<h1>Hello, web!</h1>']
if __name__ == '__main__':
    httpd = make_server('', 8000, application)
    print("Serving HTTP on port 8000...")
    httpd.serve_forever()
```

在该示例中，application 就是 Web Application，此处被定义为一个函数，在实际的 Web 框架中它是一个类。这些类用来实现__call__方法，并且在该方法中带有参数 environ 和 start_response 即可。

2.1.2 ASGI

ASGI（Async Server Gateway Interface，异步服务器网关接口）又是什么呢？ASGI 中的 A 其实是 Async 的缩写，也就是异步的意思。ASGI 可以简单理解为异步的 WSGI。在 Web 环境的需求越来越复杂的情况下，有很多协议 WSGI 不支持，例如 Websocket、HTTP2 等。一些基于 WSGI 的框架，比如 Flask 或者 Django 想要实现 Websocket 都必须依赖第三方组件（比如 Socket.io 和 Dwebsocket）。这也是 ASGI 出现的原因。

在 ASGI 中，一个网络请求被划分成三层处理逻辑。最上面的第一层是协议服务器，负责对 http 请求协议进行解析，并将不同的协议分发到不同的信道；信道处于第二层，通常是一个队列的构造。信道绑定了第三层的消费者并对请求进行消费。比如，http 协议的信道绑定了 http 的消费者，当有新的 http 请求发送过来时，协议服务器会

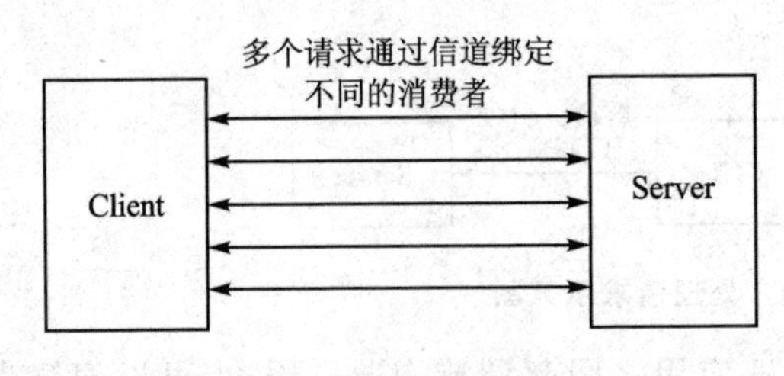

图 2-2　ASGI 处理请求示意图

将该请求分发到信道,信道绑定的消费者再对该请求进行处理,将处理结果返回给信道,最终传回给 Client。这种工作模式在效率上明显要强于 WSGI,如图 2-2 所示。

ASGI 不仅让应用可以多次接收或发送事件,而且可以结合协程式应用同时处理其他任务。

一个基于 ASGI 的应用实现起来相对简单,如下所示:

```
async def application(scope, receive, send):
    event = await receive()
    ...
await send({"type": "websocket.send", ...})
```

每一个 event 都是按预定的格式编排的 Python 字典,这种格式构成了通信规范的基础,并使得应用可以在服务器之间交换信息。

需要注意的是,因为 ASGI 可以理解为 WSGI 的扩展,所以使用了 ASGI 并不意味着不能使用 WSGI 了。已经存在的 WSGI 应用也可以直接在 ASGI 的服务器中运行,但是需要依赖 asgiref 库。ASGI 应用是在 Async 的 event loop 中运行的,如果是 WSGI 应用运行在 ASGI 服务器中,ASGI 服务器会启动一个线程池来运行这个 WSGI 应用。目前,高版本的 Tornado 和 Flask 以及 Django 框架底层都支持 ASGI 网络规范。

2.1.3　面向未来

经过 2.1.1 小节和 2.1.2 小节的介绍,相信大家对 WSGI 和 ASGI 这两种规范有了一个初步的了解。总体上来说,WSGI 基于 http 协议模式不支持 Websocket,而 ASGI 的诞生则是为了解决 Python 常用的 WSGI 不支持当前 Web 开发中的一些新的协议标准的问题。同时,ASGI 对于 WSGI 原有模式的支持和 Websocket 的扩展,可以理解为 ASGI 是 WSGI 的扩展。

二者虽然不是非此即彼的关系,但是从长远角度来讲,选择 ASGI 规范显然更顺应时代潮流,就好像一条只有单车道的公路和一条标配四车道的高速公路,效率更高的后者往往更受青睐。软件科技发展的历史表明,一项新技术的出现和应用,常常会给各个领域带来深刻的变革。所以,拥抱未来、拥抱新技术、顺应时代才是正确的、可持续发展的道路。

2.2　Flask 框架

在 2.1 节中,我们详细阐述了 WSGI 和 ASGI 这两种网络规范。严格意义上讲,如果我们根据这两种规范来实现自己的 Web 框架也是可以的,但是在现有开源框架都相对成熟的基础上,如果再耗费时间和精力重复造轮子,显然是得不偿失的。利用现有框架生成项目结构、处理数据库或者路由,不仅可以让我们把注意力集中在项目的业务逻辑上,还能节约不少宝贵的时间和加快开发进度,可谓一箭双雕。

2.2.1 微型框架

所谓微型框架,顾名思义,其特点就是小巧。在具备一个 Web 框架核心功能的条件下,几行代码就可以实现一个简单的 Web 服务,这就是 Flask 框架。它支持通过扩展来给应用添加繁复的功能,就像是 Flask 框架本身实现的一样。众多的扩展提供了数据库集成、表单验证、上传处理及各种各样的开放认证技术等功能。Flask 框架也许是"微型"的,但它可以在复杂的生产环境中被投入使用。

为了尽量避免重复制造轮子,Flask 采取与已有的优秀轮子结合,这使得 Flask 非常灵活、强大,且有更强的定制性。Flask 配置选项众多,均设置了合理的默认值,并会遵循一些惯例;配置选项均可以修改,但通常没必要修改,尤其是刚开始的时候。这使得 Flask 易于上手。

2.2.2 功能组件

虽然 Flask 的定位是微型框架,但它还有很多基础功能。基于稳定版 Flask 1.1.1,我们来看一下具体有哪些功能,如下所示:

- 完备的调试模式以及内建的服务器;
- 灵活的路由系统;
- 集成 Jinjia2 模板;
- 支持单元测试;
- 内置订阅信号;
- 内部集成的单元测试;
- 兼容 WSGI 协议;
- 集成 WSGI 中间件;
- 清晰的文档支持。

这样一看,Flask 虽然不大,但是各种基本功能都有,可以说是麻雀虽小,五脏俱全。

2.2.3 需求契合

如果在线教育平台采用 Flask 来开发,从需求角度上讲问题并不大,但是从业务角度考虑,随着业务的增长,并发请求数必然会成倍地递增,其同步机制的性能弊端就会显露出来。这是因为 Flask 基于 WSGI 的自带服务器还不够优秀。虽然我们可以依赖一些第三方库,例如用 Gunicorn 或 uWSGI 服务器来代替框架内部的 WSGI 服务器,但是面对海量的请求数,依旧是杯水车薪。

2.3 Tornado 框架

通过 2.2 节的介绍，我们对 Flask 框架有了一个大致的了解，而 Tornado 框架则可以被看作是一个更加现代化、性能更突出的 Flask 框架。Tornado 从底层开始就自己实现了一整套基于 Epoll 的单线程异步架构，而其他 Web 框架比如 Django 或者 Flask 的自带 Server 都是基于 WSGI 协议写的简单服务器，并没有自己实现底层结构。而 Tornado. ioloop 就是 Tornado Web Server 最底层的实现。

2.3.1 Epoll

Epoll 是 Linux 2.6 开始出现的为处理大批量文件描述符而做了改进的网络模型，是 Linux 下多路复用 I/O 接口 select/poll 的增强版本，它能显著提高程序在大量并发连接中只有少量活跃的情况下系统 CPU 的利用率。除此之外，在获取事件时，它无须遍历整个被侦听的描述符集，只要遍历那些被内核 I/O 事件异步唤醒而加入 Ready 队列的描述符集合就行了。

2.3.2 单线程异步

Tornado 的核心是 ioloop 和 iostream 这两个模块，前者提供了一个高效的 I/O 事件循环，后者则封装了一个无阻塞的 socket。通过向 ioloop 中添加网络 I/O 事件，利用无阻塞的 socket，再搭配相应的回调函数，便可以达到性能惊人的高效异步执行。

其执行原理是，当 Torndo 打开一个 I/O 事件循环，并且遇到 I/O 请求(新链接进来或者调用 api 获取数据)后，由于这些 I/O 请求都是非阻塞的 I/O，都会把这些非阻塞的 IOsocket 扔到一个 socket 管理器，所以，这里单线程的 CPU 只要发起一个网络 I/O 请求，就不用挂起线程等待 I/O 结果。这个单线程的事件继续循环，接受其他请求或者 I/O 操作，如此往复。

2.3.3 功能组件

高性能是 Tornado 被开发者津津乐道的一点，而它顺应时代的一些内置组件更让它如虎添翼：

- 结合 Peewee 的异步 ORM；
- 内置 Websocket 支持；
- 路由系统；
- Jinjia2 模板；
- 遵循 OpenAPI 规范；
- 可交互式 API 文档；
- 自带 CORS 跨域模块；

- WSGI 全栈替代产品;
- 既是 WebServer 也是 WebFramework;
- 灵活的异步写法。

Peewee 模块最著名的是对象关系映射器(ORM),它提供了数据映射器模式的可选组件。在该模式下,它可以以多种方式将类映射到数据库,在数据库中开发对象模型和数据库模式,利用此库在 Tornado 中还可以很方便地操作例如 Mysql 等数据库。

Tornado 中内置 Websocket 模块可以让开发者轻松实现在线聊天室、实时消息推送等基于 Scoket 协议的功能,这不仅大幅缩减了开发成本,还简化了后期部署的流程。

路由模块为开发者提供了在多个文件中注册路由的功能,就像插线板能够为更多的电器提供插口,我们最终只需要将插线板连接到主线路即可。

Jinja2 模板引擎是一个现代的、设计友好的、仿 Django 模板的 Python 模板语言。它速度快,语法浅显易懂,虽然目前业界流行的前后端分离技术渐渐取代了模板,但是在特定的场景下,模板引擎还可以发挥它的优势。

交互式 API 文档无疑是 Tornado 最亮眼的功能之一,它基于 Swagger UI,可交互式操作,能在浏览器中直接调用和测试开发者的接口。这让开发者可以更加专注于接口逻辑的开发,而不用分心文档的编写。

CORS 跨域模块能让开发者摆脱浏览器同源策略的限制,在不同的域名、协议、端口环境下,可以轻松地交换数据。

上面列出了一些常用的部分,如果需要,读者也可以依赖一些第三方库打造更多的功能。这一点也体现了 Tornado 的高扩展性。

2.4 本章总结

Web 框架的选择是多样性的,需要我们带着需求去选择适合的框架,而不是本末倒置,根据 Web 框架的特点做定制需求。回到第 1 章中的在线教育平台这一项目场景,它对后端的性能和可扩展性有着极高的要求,所以通过上面两款框架的对比,很明显 Tornado 框架更加适合;并且,Tornado 框架平缓的学习曲线也可以让技术团队的成员快速入门,而基于 Tornado 的高性能和内置模块,我们也可以在开发过程中事半功倍。

第 3 章　Tornado 基础：初试锋芒

在前面的章节中，经过需求分析和技术预研环节，我们选择了性能出色且学习曲线平缓的 Web 框架 Tornado。在本章中，我们一起安装并熟悉 Tornado 框架，然后由浅入深地掌握它所提供的功能。在正式进入在线教育平台项目之前，先"热热身"，做一个简单的博客系统感觉一下，通过小系统的练习，初步感受 Tornado 的魅力。

在本章中我们还会接触到一个目前非常流行的容器技术——Docker，它将贯穿于整个项目过程的始终。Docker 的加入可以帮助我们节省大部分开发环境搭建以及后期部署的成本，让我们更专注于功能和逻辑的开发，从根本上提高开发效率。

3.1　环境搭建

"九层之台起于垒土，千里之行始于足下"，使用任何框架都需要一个相对比较顺手的开发环境，这里介绍两种配置 Tornado 开发环境的方法，一种为传统的搭建方式，另外一种则是基于 Docker 的搭建方式。

3.1.1　传统的搭建方式

以 Windows 平台为例，首先在 Python 官网（https://www.python.org/downloads/windows/）下载 Python 3.10.4 稳定版，双击安装包进行安装。安装成功之后，注意检查一下系统的环境变量是否配置，如图 3－1 所示。

接下来进入 Windows 系统命令行，输入命令安装 Tornado 框架。本书写作时 Tornado 的最新稳定版为 6.1。

```
pip3 install Tornado==6.1
```

这里解释一下，"=="是指安装指定版本，这里安装的是 Tornado 6.1 最新版。

随后编写 main.py 文件，让 Tornado 返回一个简单的 Hello World。

```
import tornado.ioloop
import tornado.web


class MainHandler(tornado.web.RequestHandler):
    def get(self):
        self.write("Hello, world")
```

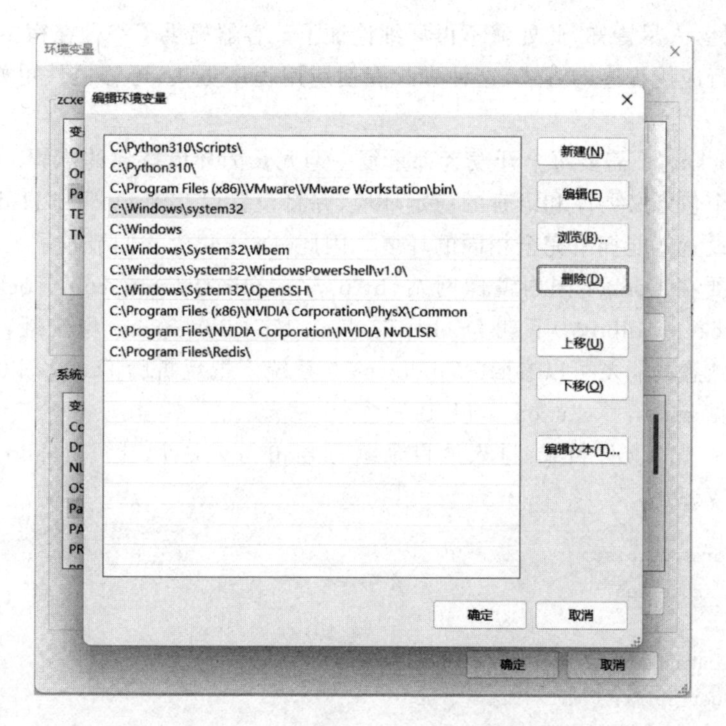

图 3-1 Python 3.10.4 环境变量配置

```
application = tornado.web.Application([
    (r"/", MainHandler),
])

if __name__ == "__main__":
    application.listen(8000)
    tornado.ioloop.IOLoop.instance().start()
```

之后进入命令行，利用 Python 命令运行 Tornado 服务。

```
python3 main.py
```

命令解析：

- python3 指安装好的 Python 命令，3 指代 3.10.4 版本号。
- main.py 指运行的 main.py 指定启动入口文件。

打开你的浏览器，访问 http://127.0.0.1:8000，将会看到字符串响应如下：

```
Hello World
```

如此，开发环境便配置成功了。这样的安装方式按部就班，不太容易出问题，缺点就是如果换了一套系统，我们就需要将上面的步骤再重复一遍，在时间成本上略显冗余。

3.1.2 基于 Docker 的搭建方式

随着 Docker 容器技术的不断成熟，越来越多的企业开始考虑使用 Docker。容器技术的重要性,人尽皆知,此处就不再详细论证了。容器提供了一种在宿主机上或虚拟机内直接运行应用程序的方式,这种方式能使应用程序更快、可移植性更好,并且更具可扩展性。

感谢 Docker,不需要每个开发者都重复一遍冗长的环境搭建的步骤。只要一个开发者建立一个包含必要库和语言的稳定环境,并将设置保存到 Docker Hub 中,其他的开发者下载设置就能拥有完全相同的环境。因此,Docker 为我们节省了大量时间。

首先需要在 Docker 国内镜像网站(http://mirrors.aliyun.com/docker-toolbox/windows/docker-toolbox/)下载 DockerToolbox-17.12.0-ce.exe 稳定版,随后进行配置安装。不熟悉的朋友可以参照"Windows 10 系统下把玩折腾 Docker 以及更换国内镜像源",详见 https://v3u.cn/a_id_149。

创建一个 app 文件目录,进入该目录编写 main.py 文件,让 Tornado 返回一个简单的 Hello World。

```
import tornado.ioloop
import tornado.web


class MainHandler(tornado.web.RequestHandler):
    def get(self):
        self.write("Hello, world")


application = tornado.web.Application([
    (r"/", MainHandler),
])


if __name__ == "__main__":
    application.listen(8000)
    tornado.ioloop.IOLoop.instance().start()
```

Docker 容器并不是凭空产生的。它们由 Docker 镜像实例化而来,镜像就像是容器的蓝图一样,是 Docker 架构的第二组件。要运行 Docker 镜像,必须使用 Dockerfile 文件。

在 app 目录平行的文件夹内,我们编写 Dockerfile 文件。

```
FROM docker pull python:3.10.4
RUN pip install --no-cache-dir Tornado==6.1
COPY ./app /app
CMD ["python3","/app/main.py"]
```

可以看见,给出了四条命令。第一条命令指出创建容器的基础镜像,在我们的例子中,Tornado 容器的基础镜像就是"python:3.10.4",可以使用特定版本的库或语言来创建镜像。第二条用来安装 Tornado 依赖的库。第三条命令将 app 文件夹复制到容器内,通常将这些文件放在 Dockerfile 同一目录下。第四条命令运行 Tornado 服务。

现在，你的项目的目录结构应该是这样的：

```
edu
├── app
│   └── main.py
└── Dockerfile
```

此时，进入到项目的目录中（和 Dockerfile 同级）。

运行命令，建立 Docker 镜像，镜像名称自定义为 tornado，如下所示：

```
docker build -t tornado .
```

Docker 会根据 Dockerfile 的指令帮我们制作 Tornado 的镜像。整个过程可能会慢一点，需要耐心等待。

镜像制作成功之后，就可以将 Docker 容器运行起来了，如下所示：

```
docker run -it --rm -p 8000:8000 -v /edu:/app -e BIND="0.0.0.0:8000" tornado
```

简单解释一下，容器会基于我们之前制作的镜像来运行，这里通过-v 挂载命令将计算机中的 edu 目录替换到容器内的 app 目录，这样项目代码就可以在容器内运行，同时-p 端口映射命令可以将容器内的端口 8000 映射到计算机的 8000 端口，便于访问 Web 服务。

此时打开你的浏览器，访问 http://127.0.0.1:8000，将会看到 JSON 响应如下：

```
Hello World
```

至此，基于 Docker 的项目基本开发环境便搭建好了。显然，Docker 的使用更加符合目前业内技术的发展趋势，所以推荐大家使用第二种方案来搭建自己的开发环境。

3.1.3 编辑器的选择

经过 3.1.1 小节和 3.1.2 小节的介绍，相信大家能够搭建自己的开发环境了，下一步就是撸起袖子开始写代码了。不过在此之前，我们需要讨论一下该用什么编辑器来编写你的代码：Your life as a developer depending on what you choose as an editor.（你的开发者生涯取决于你选择的编辑器。）

目前，市面上流行的编辑器有 Pycharm、Vscode、Sublime 等，它们的功能都很强大，插件也非常丰富，但这里极力推荐的是一款老牌编辑器——Vim。

作为一个程序员，如果没有深入使用过 Vim，那么职业生涯绝对是留有遗憾的。使用 Vim 后发现，其他编辑器有的功能，Vim 都可以有，而且通过 Vim 的配置，可以将 Vim 打造成任何语言的编辑器。也就是说，使用其他编辑器的功能是有限的，但是使用 Vim，你的编辑器功能是没有边界的，任何你想要的功能都可以通过安装插件或者自己开发插件来实现。

使用其他编辑器你可能不用鼠标进行编码，但是使用 Vim 你甚至可以不用鼠标来操作整个操作系统，这就是 Vim 的魅力。它可以让你像钢琴家一样优雅地、富有节奏地编写代码,如流水行云,酣畅淋漓。

另外一个推荐使用 Vim 的理由是,基本所有的 Linux 系统的默认编辑器都是 Vim。在使用像 Centos 这样本身并不包含界面的系统时,Vim 更是显得尤为重要,无论你是否喜欢 Linux 系统,在 Linux 系统中编写代码或者配置环境都是实际工作中无法绕开的门槛。

诚然,Vim 的学习曲线相对陡峭,但是经过前人的积累,已经有不少好用的 Vim 插件和工具帮助我们尽快地熟悉 Vim,省去了自己配置 Vim 的烦恼。感兴趣的朋友可以参照"Windows 10 系统下安装编辑器之神(The God of Editor)Vim 并且构建 Python 生态开发环境(2020 年最新攻略)"来安装和配置自己的 Vim 编辑器,详见 https://v3u.cn/a_id_160。

3.2 基础功能

在 3.1 节中,介绍了安装、配置 Tornado 的开发环境,以及选择适合的编辑器,接下来我们学习一下它的基础功能。

3.2.1 异步编程

异步编程并不是什么新鲜概念,早年间像 Tornado、Twisted 等著名的异步框架都已经实现了,但是 Twisted 的异步实现方式相对晦涩难懂,而新版 Tornado 的优势在于它能够配合 Python 的协程原生关键字 async & await 来实现简单的异步编程方式。

使用 async def 语法定义的方法我们认为是异步方法。await 是一个只能在异步方法中使用的关键字,用于遇到 I/O 操作时挂起当前任务:当前任务挂起过程中,事件循环可以去执行其他的任务;当前任务 I/O 处理完成后,可以再次切换回来执行 await 之后的代码。如此这般,效率就比传统的同步处理方式效率要高。

```
import tornado.web


class Test(tornado.web.RequestHandler):


    async def get(self):
        results = await some_library()
        return results
```

上面的代码就是一个简单的异步编程示例,通过 async 关键字将 get 方法声明为异步方法,同时该方法内的耗时任务 some_library 可以用 await 关键字进行挂起操作。整个过程简单方便,但是需要注意一点,await 只能在异步方法内使用,所以一般情况下,async 和 await 总是一起出现。

3.2.2 参数传递

Tornado 的参数分为 5 种:查询字符串、请求体、整合字符串与请求体、正则提取 uri 的特定部分以及在 http 报文的头部。

1. 查询字符串

查询字符串(query string)是开发中经常使用的传参方式,形如 key1=value1&key2=value2。

可以通过 get_query_argument(name, default=_ARG_DEFAULT, strip=True)方法进行获取操作:

```
import tornado.web

class MainHandler(tornado.web.RequestHandler):
    def get(self):
        subject = self.get_query_argument("subject","tornado")
        print(subject)
        self.finish(subject)
```

在浏览器中打开 http://127.0.0.1:8000/?subject=python,可以看到如下响应:

```
python
```

查询字符串从请求的查询字符串中返回指定参数 subject 的值,如果出现多个同名参数,则返回最后一个的值。

default 为设置未传 subject 参数时返回的默认值,如果 default 也未设置,则会抛出 tornado.web.MissingArgumentError 异常。

strip 表示是否过滤掉左右两边的空白字符,默认为过滤(当传送密码时可以将 strip 设置为 False)。

查询字符串还有对应的复数形式方法,即 get_query_arguments(name, strip=True),如下所示:

```
class MainHandler(tornado.web.RequestHandler):
    def get(self):
        subject = self.get_query_arguments("subject")
        print(subject)
        self.finish(str(subject))
```

查询字符串从请求的查询字符串中返回指定参数 subject 的值,注意返回的是 list 列表(即使对应 subject 参数只有一个值)。若未找到 subject 参数,则返回空列表[]。

2. 获取请求体参数

从请求体(body)中获取参数,即 get_body_argument(name, default=_ARG_DE-

FAULT, strip=True),如下所示:

```
class MainHandler(tornado.web.RequestHandler):
    def get(self):
        subject = self.get_body_argument("subject")
        print(subject)
        self.finish(str(subject))
```

从请求体中返回指定参数 name 的值,如果出现多个同名参数,则返回最后一个的值。

default 为设值未传 subject 参数时返回的默认值,如果 default 也未设置,则会抛出 tornado.web.MissingArgumentError 异常。

strip 表示是否过滤掉左右两边的空白字符,默认为过滤(当传送密码时可以将 strip 设置为 False)。

同样地,请求体获取参数也有对应的复数形式方法,即 get_body_arguments(name, strip=True),如下所示:

```
class MainHandler(tornado.web.RequestHandler):
    def get(self):
        subject = self.get_body_arguments("subject")
        print(subject)
        self.finish(str(subject))
```

从请求体中返回指定参数 subject 的值,注意返回的是 list 列表(即使对应 subject 参数只有一个值)。若未找到 subject 参数,则返回空列表[]。

3. 整合字符串与请求体

为了方便,字符串和请求体可以整合为一个方法,即 get_argument(name, default=_ARG_DEFAULT, strip=True),如下所示:

```
class MainHandler(tornado.web.RequestHandler):
    def get(self):
        subject = self.get_argument("subject")
        print(subject)
        self.finish(subject)
```

整合方法也有复数形式,即 get_arguments(name, strip=True),如下所示:

```
class MainHandler(tornado.web.RequestHandler):
    def get(self):
        subject = self.get_arguments("subject")
        print(subject)
        self.finish(str(subject))
```

除非有特殊的需求,否则,一般情况下,推荐使用整合方法来获取字符串或者请求体中的方法。

4. 正则提取 uri 的特定部分

Tornado 中对于路由映射也支持正则提取 uri，提取出来的参数会作为 RequestHandler 中对应请求方式的成员方法参数。若在正则表达式中定义了名字，则参数按名传递；若未定义名字，则参数按顺序传递。提取出来的参数会作为对应请求方式的成员方法的参数。

```
import tornado.ioloop
import tornado.web


class MainHandler(tornado.web.RequestHandler):
    def get(self,name,password):

        self.finish("%s,%s" % (name,password))


application = tornado.web.Application([
    (r"/subject/(.+)/([a-z]+)/", MainHandler),
    ],debug=True)


if __name__ == "__main__":
    application.listen(8000)
    tornado.ioloop.IOLoop.instance().start()
```

在浏览器中打开 http://127.0.0.1:8000/subject/name/password/，可以看到如下响应：

```
name,password
```

Tornado 会将 uri 中出现的符合通配符规则的字符串进行匹配获取，注意在 get 方法中需要进行参数的声明。

5. 获取 http 报文头部(header)

Tornado 可以通过 RequestHandler.request 对象来获取请求的相关信息，具体属性有：

- method：http 的请求方式，如 GET 或 POST；
- host：被请求的主机名；
- uri：请求的完整资源标示，包括路径和查询字符串；
- path：请求的路径部分；
- query：请求的查询字符串部分；
- version：使用的 HTTP 版本；
- headers：请求的协议头，是类字典型的对象，支持关键字索引的方式获取特定协议头信息，例如 request.headers["Content-Type"]；

• body:请求体数据;
• remote_ip:客户端的 ip 地址。

下面的代码可以在后台打印 http 报文头部信息:

```
class MainHandler(tornado.web.RequestHandler):
    def get(self):

        subject = self.request.headers.get("Host")

        print(subject)

        self.finish(subject)
```

在浏览器中打开 http://127.0.0.1:8000/subject/name/password/,可以看到如下响应:

```
127.0.0.1:8000
```

3.2.3 路由管理

Tornado 的路由方法有 GET、POST、PUT、DELETE、TRACE、HEAD、PATCH 以及 OPTIONS。它们都是 http 协议中定义的不同的操作,用于在客户端和服务器之间传递请求和响应。每个请求方法都有不同的语义和用途,用于满足不同的需求和场景。客户端可以根据需要选择适当的请求方法来与服务器进行交互。在 Tornado 中,通过下面的方法进行定义:

```
class BaseHandler(tornado.web.RequestHandler):
    self.set_header("Access-Control-Allow-Headers","x-requested-with")
    self.set_header("Access-Control-Allow-Methods","POST,GET,PUT,DELETE,TRACE,
HEAD,PATCH,OPTIONS")

    def post(self):
        self.write("这里是 post 请求")

    def trace(self):
        self.write("这里是 post 请求")

    def get(self):
        self.write("这里是 get 请求")

    def put(self):
        self.write("这里是 put 请求")

    def head(self):
```

```
        self.write("这里是 head 请求")

    def delete(self):
        self.write("这里是 delete 请求")

    def patch(self):
        self.write("这里是 patch 请求")

    def options(self, *args):

        #设置状态码
        self.set_status(204)
        self.finish()
```

可以完美契合 RESTful 风格化的接口风格,如表 3-1 所列。

表 3-1 RESTful 风格接口

url 路径	请求方式	行　为	结　果
/notes/	GET	读取	获取所有数据
/notes/:id/	GET	读取	获取单独数据
/notes/	POST	创建	创建新数据
/notes/:id/	PUT	修改	修改数据
/notes/:id/	DELETE	删除	删除数据

Tornado 还提供了多应用程序路由对象——tornado. web. url。这个对象可以让我们更加系统化地管理路由模块,比如创建一个简单的 Tornado 服务,如下所示:

```
import tornado.ioloop
import tornado.web

class MainHandler(tornado.web.RequestHandler):

    def get(self):

        self.write("首页模块")

class UserHandler(tornado.web.RequestHandler):

    def get(self):

        self.write("用户模块")

application = tornado.web.Application([
```

```
        (r"/", MainHandler),
        (r"/user/", UserHandler),
    ],debug = True)

if __name__ == "__main__":

    application.listen(8000)
    tornado.ioloop.IOLoop.instance().start()
```

上述代码中的 web. Application 对象会传入一个列表对象参数，分别对应首页模块和用户模块，现在这种情况看起来还不错。

如果服务中方法个数有 10 个或者更多呢？这个时候就不建议写在一个文件里面了，因为代码不易维护且显得臃肿，可以考虑将方法分文件处理。tornado. web. url 可以为我们提供在多个文件中注册路由的功能，类似插线板，我们最终只需将这一个或多个插线板插到主线路（main. py ）即可。

比如服务中有一个用户模块 user. py，通过 tornado. web. url 可以对其路由进行注册，如下所示：

```
from tornado.web import url

import tornado.web

class UserHandler(tornado.web.RequestHandler):

    def get(self):

        self.finish("用户模块")

urlpatterns = [
    url('/user/', UserHandler),
]
```

随后需要将我们的 urlpatterns 路由对象合并到核心对象上，就像前面举的例子，将插线板插到主线路插口的 main. py 上。

```
import tornado.ioloop
import tornado.web

from user import urlpatterns as user_url

class MainHandler(tornado.web.RequestHandler):

    def get(self):
```

```
        self.finish("首页模块")

urlpatterns = [
    (r"/", MainHandler)
]

urlpatterns += user_url

application = tornado.web.Application(urlpatterns,debug = True)

if __name__ == "__main__":
    application.listen(8000)
    tornado.ioloop.IOLoop.instance().start()
```

此时访问浏览器 http://127.0.0.1:8000/user/,可以看到如下返回值:

```
用户模块
```

这就是 tornado.web.url 带给我们的便利,对路由进行了合理的分拆,便于管理。

3.2.4 中间件

所谓的中间件,其实和 Flask 框架的中间件作用是一致的。有些方法或操作需要在逻辑运行之前或者之后执行,比如要加一个 http 访问的拦截器,可以对部分接口 API 添加一个自定义的请求头。

在 Tornado 中,我们可以利用装饰器完成中间件的功能,如下所示:

```
# 声明中间件
from functools import wraps
from datetime import datetime

def record_http_request(func):

    @wraps(func)
    def record(self, *args, **kwargs):
        request_time = str(datetime.now())
        response = func(self, *args, **kwargs)
        http_request = dict(
            request_time = request_time,
            expend_time = self.request.request_time(),
            response_time = str(datetime.now()),
            request_ip = self.request.remote_ip,
            method = self.request.method,
            url = self.request.uri,
            request_params = self.request.arguments,
```

```
            response_code = self.get_status()
        )
        print(http_request)
        return response

    return record

# 调用中间件
class MainHandler(tornado.web.RequestHandler):

    @record_http_request
    def get(self):

        self.finish("首页模块")
```

3.2.5 异步 ORM

前面介绍了 Tornado 的访问方式是异步的,但是很多人没有意识到,在数据库层面,如果还是使用同步读/写机制,那么前面的异步访问就失去了意义。这就好像如果一条多车道的高速公路最后的出口只有一个,那么最终出高速的时候,还是会遇到排队"阻塞"的情况。

Tornado 可以采用 peewee-async 的方式来实现 Mysql 的异步 ORM。首先,通过执行命令进行模块的安装:

```
pip3 install peewee-async==0.7.2
```

随后改写 main.py,添加下面的逻辑:

```
import peewee
import peewee_async

#这里 mytest 和 root 分别指代数据库名称以及用户和密码
database = peewee_async.PooledMySQLDatabase("mytest",host = "127.0.0.1",port = 3306,
user = "root",password = "root")

#创建用户类

#用户表
class User(peewee.Model):

    id = peewee.IntegerField(null = False,default = 0)

    username = peewee.CharField(null = False,default = 0)
```

```
    class Meta:
        database = database
```

我们导入刚才安装的 peewee 模块,创建 Mysql 数据库链接池对象,并且创建用户的数据库类。

然后,修改 Tornado 控制器,将其声明为异步模型,然后利用数据库对象进行异步查询操作:

```
class MainHandler(tornado.web.RequestHandler):

    async def get(self):

        #查询用户
        user = await self.application.objects.execute(User.select())

        print(user)

        self.finish("首页模块")
```

如此,就可以很方便地以异步方式从 Mysql 数据库中查询需要的数据了。

除了 Mysql 数据库,我们还可以用异步的方式访问 Redis 数据库,运行命令安装:

```
pip3 install aioredis==1.3.1
```

随后,建立异步 redis 链接池方法:

```
async def redis_pool(loop):

    return await aioredis.create_redis_pool('redis://localhost', minsize=1, maxsize=
10000, encoding='utf8', loop=loop)
```

同时,利用 asyncio 库获取当前应用的事件循环,并且将异步 Redis 链接池注入事件循环中:

```
import tornado.ioloop
import tornado.web

import aioredis
import asyncio

from user import urlpatterns as user_url

#用户表
class User(peewee.Model):

    id = peewee.IntegerField(null=False,default=0)
```

```
    username = peewee.CharField(null = False,default = 0)

    class Meta:
        database = database

class MainHandler(tornado.web.RequestHandler):

    async def get(self):

        #写入 redis
        redis_pool = await self.application.redis

        redis_pool.set("234","789")

        self.finish("redis 测试")

urlpatterns = [(r"/", MainHandler)]

urlpatterns += user_url

#创建 Tornado 实例
application = tornado.web.Application(urlpatterns,debug = True)

async def redis_pool(loop):

    return await aioredis.create_redis_pool('redis://localhost', minsize = 1, maxsize =
10000, encoding = 'utf8', loop = loop)

loop = asyncio.get_event_loop()
application.redis = loop.run_until_complete(redis_pool(loop))

if __name__ == "__main__":
    application.listen(8000)
    tornado.ioloop.IOLoop.instance().start()
```

如此,就可以在 Tornado 内部异步操作 Redis 数据库了。

3.2.6 跨域处理

在前后端项目分离项目中,通常我们的 Web 接口供前端去调用,但是前端使用的域名和后端所提供的接口域名可能不一样,这就会引发浏览器同源策略问题,所以我们需要做跨域请求支持。

Tornado 支持跨域的话,不需要依赖任何三方库,可以直接采用继承基类控制器的方法。建立 base.py,如下所示:

```
class BaseHandler(tornado.web.RequestHandler):

    #重写父类方法
    def set_default_headers(self):

        #设置请求头信息
        print("开始设置")

        #域名信息
        self.set_header("Access-Control-Allow-Origin","*")

        #请求信息
        self.set_header("Access-Control-Allow-Headers","x-requested-with")

        #请求方式
        self.set_header("Access-Control-Allow-Methods","POST,GET,PUT,DELETE,
TRACE,HEAD,PATCH,OPTIONS")
```

随后,进行跨域请求的控制器只需要继承 BaseHandler 即可,如下所示:

```
from base import BaseHandler
class MainHandler(BaseHandler):

    async def get(self):

        self.finish("跨域")
```

至此,前端就可以在后端指定的域名列表下安全地进行数据跨域交互操作了。

3.2.7 模板引擎

在 Tornado 中,内置了一种简单、快速、灵活的模板语言。
编写 main.py,如下所示:

```
class MainHandler(tornado.web.RequestHandler):

    async def get(self):

        items = ["Item 1", "Item 2", "Item 3"]
        self.render("./templates/template.html", title="My title", items=items)
```

在项目的 app 目录下建立 templates 目录,项目的目录结构如下所示:

```
app
└──main.py
|   └── templates
|   └── └──template.html
└── Dockerfile
```

进入 templates 目录,建立 template.html 模板文件,如下所示:

```
< html >
    < head >
        < title >{{ title }}</title >
    </head >
    < body >
        < ul >
            {% for item in items %}
             < li >{{ escape(item) }}</li >
            {% end %}
        </ul >
    </body >
</html >
```

访问浏览器 http://127.0.0.1/items/123,浏览器将会返回模板渲染结果,如下所示:

```
Item 1
Item 2
Item 3
```

Tornado 模板支持控制语句和表达式。控制语句被{{%和%}}包围 ,例如 {{% if len(items) > 2%}},表达式被{{{{和}}}}包围,例如{{{{ items[0] }}}}。

模板路径也可以在入口文件中进行统一配置,预防模板目录的位置更改:

```
import os

#创建 Tornado 实例
application = tornado.web.Application(urlpatterns,template_path = os.path.join(os.
path.dirname(__file__), "templates"),debug = True)
```

3.2.8 序列化

序列化(Serialization)是将对象的状态信息转换为可以存储或传输的形式的过程。在 Tornado 中,我们一般会将从数据库中读取出来的结果集对象通过序列化的方式转化为 Json 格式,方便使用。这里,我们使用 playhouse 模块中的 model_to_dict 方法配合 Tornado 内置的 finish 方法来对结果集对象进行序列化操作,如下所示:

```
from playhouse.shortcuts import model_to_dict
import json

def json_model(model):

    return model_to_dict(model)
```

随后,将方法注入到 Tornado 应用对象中,如下所示:

```
application.json_model = json_model
```

这样,我们从数据库中读取到的文件就可以通过内置方法进行序列化操作了,如下所示:

```
class MainHandler(tornado.web.RequestHandler):

    async def get(self):

        user = await self.application.objects.get(User,id=1)

        self.finish(self.application.json_model(user))
```

该控制器接口会直接返回 Json 格式的数据,如下所示:

```
{
    id: 1,
    username: "test"
}
```

3.3 博客系统

在 3.2 节我们了解了 Tornado 所提供的基本功能,接下来,我们就利用 Tornado 的基本功能来实现一个小型的博客系统。

博客系统的需求非常简单,后台可以发表文章,前台有两个页面用来展现,首页展示所有的文章列表,而详情页用来展示单篇文章的具体内容。

3.3.1 项目初始化

首先创建项目目录。使用命令 mkdir blog,可以创建我们的项目根目录。在这个根目录中,根据前面几节的知识点,需要一些文件来充实项目,例如项目入口文件 main.py、Docker 的执行脚本 Dockerfile、路由文件 urls.py、ORM 文件 models.py、模板文件夹 templates 以及文章模块文件 article.py。

整个项目的目录结构如下所示:

```
blog
├── app
│   └── models.py
│   └── article.py
│   └── __init__.py
│   └── base.py
├── templates
├── main.py
└── Dockerfile
```

创建好之后，需要安装 Mysql 数据库，进入 Mysql 官网 https://dev.mysql.com/downloads/mysql/，选择 8.0 版本下载安装。随后进入 Mysql 命令行，执行创建数据库命令：

```
create database blog default character set utf8mb4 collate utf8mb4_unicode_ci;
```

注意，数据库 blog 的默认字符集是 utf8mb4，排序规则是 utf8mb4_unicode_ci。

随后，在 models.py 文件中建立基础数据库模型类：

```
from peewee import Model, DateTimeField
from datetime import datetime
import peewee_async
import peewee

#这里 blog 和 root 分别指代数据库名称以及用户和密码
database = peewee_async.PooledMySQLDatabase("blog",host = "127.0.0.1",port = 3306,user = "
root",password = "root")

#建立基础类

class BaseModel(Model):
    create_time = DateTimeField(default = datetime.now, verbose_name = "添加时间", help_
text = '添加时间')
    update_time = DateTimeField(default = datetime.now, verbose_name = '更新时间', help_
text = '更新时间')

    def save(self, *args, **kwargs):
        if self._pk is None:
            self.create_time = datetime.now()
        self.update_time = datetime.now()
        return super(BaseModel, self).save(*args, **kwargs)

    class Meta:
        database = database
```

我们在 BaseModel 中重写了 save 方法和其他模型类继承 BaseModel,因此子类的实例对象在 update 成功之后调用对象的 save 方法可以达到更新 update_time 字段值的目的。如果是新建数据,通过判断关键字段是否传参的逻辑则可以做到保存新建时间。

随后编写文章数据库类继承基类,如下所示:

```
#文章类
class Article(BaseModel):

    id = peewee.BigIntegerField(primary_key = True, unique = True,
              constraints = [peewee.SQL('AUTO_INCREMENT')])

    title = peewee.CharField(null = False,verbose_name = '文章标题', help_text = '文章
标题')

    content = peewee.CharField(null = False,verbose_name = '文章内容', help_text = '文章
内容')
    class Meta:
        db_table = "article"
```

这里我们的文章类会有三个字段,分别是自增长的主键 id、文章标题以及文章内容,可以进行数据库迁移操作,并且添加一些测试数据,如下所示:

```
if __name__ == "__main__":

    Article.create_table(True)
    Article.create(title = "测试数据 1",content = "测试数据 1")
    Article.create(title = "测试数据 2",content = "测试数据 2")
    Article.create(title = "测试数据 3",content = "测试数据 3")
    Article.create(title = "测试数据 4",content = "测试数据 4")
```

随后,进入 Mysql 命令行,键入如下命令:

```
use blog;
select * from article\g
```

返回文章表的数据就说明数据库迁移成功:

```
+--+------------------+----------------+---------+---------+
| id | create_time          | update_time          | title     | content   |
+--+------------------+----------------+---------+---------+
| 1  | 2022-04-25 17:29:37 | 2022-04-25 17:29:37 | 测试数据 1 | 测试数据 1 |
| 2  | 2022-04-25 17:29:37 | 2022-04-25 17:29:37 | 测试数据 2 | 测试数据 2 |
| 3  | 2022-04-25 17:29:37 | 2022-04-25 17:29:37 | 测试数据 3 | 测试数据 3 |
| 4  | 2022-04-25 17:29:37 | 2022-04-25 17:29:37 | 测试数据 4 | 测试数据 4 |
+--+------------------+----------------+---------+---------+
```

3.3.2 文章的增删改

编写文章发布接口,在 app 目录建立__init__.py 初始化文件,同时新建 article.py 文件,如下所示:

```
from tornado.web import url
import tornado.web

from .models import Article

class ArticleHandler(tornado.web.RequestHandler):

    #添加文章
    async def post(self):

        title = self.get_argument("title")
        content = self.get_argument("content")

        article = await self.application.objects.create(Article,title=title,content=
content)

        self.finish({"code":200,"msg":"添加文章成功","id":article.id})
urlpatterns = [
    url('/article/',ArticleHandler),
]
```

这里需要注意,创建文章动作需要对应 http 请求方式中的 POST,这样才符合 RESTful 风格。

与此同时,在入口文件 main.py 中导入 article.py 的路由:

```
from app import article

class MainHandler(tornado.web.RequestHandler):

    async def get(self):

        self.finish("首页")

urlpatterns = [
    (r"/", MainHandler)
]
```

```
urlpatterns += article.urlpatterns
```

这里我们使用 requests 库来测试 POST 请求是否成功,运行命令安装 requests 库,如下所示:

```
pip3 install requests
```

新建 tests.py 测试文件,如下所示:

```
import requests

if __name__ == "__main__":

    #添加文章
    data = {'title':'test','content':'test'}
    r = requests.post("http://127.0.0.1:8000/article/",data = data)
    print(r.text)
```

打印接口返回值,如下所示:

```
{"code": 200, "msg": "添加文章成功","id": 11 }
```

返回的 id 即是发布后的文章 id。

增加修改逻辑方法,如下所示:

```
#修改文章
    async def put(self):

    id = self.get_argument("id")

    content = self.get_argument("content")

    article = await self.application.objects.get(Article,id= id)
    article.content = content
    await self.application.objects.update(article)
    article.save()

    self.finish({"code":200,"msg":"修改文章成功"})
```

编写 tests.py,测试修改接口,如下所示:

```
import requests

if __name__ == "__main__":

    #修改文章
    data = {'id':1,'content':'修改文章内容'}
```

```
    r = requests.put("http://127.0.0.1:8000/article/",data = data)
    print(r.text)
```

返回修改结果,如下所示:

```
{
    "code": 200,
    "msg": "修改文章成功"
}
```

最后,添加删除逻辑,如下所示:

```
#删除文章
    async def delete(self):

    id = self.get_argument("id")

    article = await self.application.objects.get(Article,id = id)
    await self.application.objects.delete(article)

    self.finish({"code":200,"msg":"删除文章成功"})
```

编写 tests.py,测试删除接口,如下所示:

```
#删除文章
r = requests.delete("http://127.0.0.1:8000/article/? id = 2")
print(r.text)
```

返回删除结果,如下所示:

```
{
    "code": 200,
    "msg": "删除文章成功"
}
```

3.3.3 首页展示

有了文章,我们需要将文章展示在博客的首页,供用户浏览。首先,编写 main.py 文件,添加一个首页展示控制器接口,如下所示:

```
class MainHandler(tornado.web.BaseHandler):

    async def get(self):

        #异步读取文章
        articles = await self.application.objects.execute(Article.select())
        #序列化操作
```

```
        articles = [json_model(x) for x in articles]

        self.finish({"code":200,"data":articles})
```

浏览器访问 http://127.0.0.1:8000/,返回数据,如下所示:

```
{
    code: 200,
    data:
    [
    {
        content: "测试数据 1",
        create_time: "2022-04-25 17:29:37",
        id: 1,
        title: "测试数据 1",
        update_time: "2022-04-25 17:29:37"
    },
    {
        content: "测试数据 2",
        create_time: "2022-04-25 17:29:37",
        id: 2,
        title: "测试数据 2",
        update_time: "2022-04-25 17:29:37"
    },
    {
        content: "测试数据 3",
        create_time: "2022-04-25 17:29:37",
        id: 3,
        title: "测试数据 3",
        update_time: "2022-04-25 17:29:37"
    }
    ]
}
```

另外,也可以将文章列表直接渲染到模板中。首先在 templates 目录中新建 index.html 文件,如下所示:

```
<html>
    <head>
        <title>博客首页</title>
    </head>
    <body>
        <ul>
            {% for item in articles %}
                <li>{{ item["title"] }}</li>
```

```
            {% end %}
        </ul>
    </body>
</html>
```

随后修改控制器逻辑将 finish 方法改为 render 方法，渲染模板，如下所示：

```
class MainHandler(BaseHandler):

    async def get(self):

        #异步读取文章
        articles = await self.application.objects.execute(Article.select())

        #序列化操作
        articles = [json_model(x) for x in articles]
        #渲染模板

        self.render("index.html",articles=articles)
```

文章列表会被直接渲染为 Html 模板：

```
测试数据 1
测试数据 2
测试数据 3
测试数据 4
```

如果博客的文章很多，我们需要加入分页的功能来提高用户体验，如下所示：

```
class MainHandler(BaseHandler):

async def get(self):

        #获取分页参数
        page = int(self.get_argument("page",1))
        size = int(self.get_argument("size",2))

        #异步读取文章
        articles = await self.application.objects.execute(Article.select().paginate
(page,size))

        #序列化操作
        articles = [json_model(x) for x in articles]

        self.render("index.html",articles=articles)
```

这里采用 peewee 的 paginate 方法来控制分页，第一个参数 page 代表当前页，第二个参数 size 代表每页展示的数据范围，浏览器访问 http://127.0.0.1:8000/? page=1&size=1。

```
[
    {
        content: "测试数据 1",
        create_time: "2022 - 04 - 25 17:29:37",
        id: 1,
        title: "测试数据 1",
        update_time: "2022 - 04 - 25 17:29:37"
    }
]
```

数据会根据分页参数来进行定制化返回，非常方便。

3.3.4 详情页展示

现在我们进行最后一步，将文章的标题和内容展示在详情页中。首先编写 article.py 文件，添加逻辑，如下所示：

```
#查看文章
async def get(self):

    id = self.get_argument("id")

    article = await self.application.objects.get(Article.select().where(Article.id == 1))

    article = self.application.json_model(article)

    self.finish(article)
```

这里我们将代码稍作修改，通过 get 方式获取数据。

浏览器访问 http://127.0.0.1:8000/article/? id=1。

```
{
    content: "测试数据 1",
    create_time: "2022 - 04 - 25 17:29:37",
    id: 1,
    title: "测试数据 1",
    update_time: "2022 - 04 - 25 17:29:37"
}
```

可以看到，获取参数中的文章 id 之后，我们可以轻松地从数据库中获取文章的标题和内容。

接着,在 templates 文件夹中新建 content.html 文件,如下所示:

```
<html>
    <head>
        <title>{{ article["title"] }}</title>
    </head>
    <body>
    {{ article["content"] }}
    </body>
</html>
```

随后,修改控制器逻辑,如下所示:

```
#查看文章
async def get(self):

    id = self.get_argument("id")

    article = await self.application.objects.get(Article.select().where(Article.id == 1))

    article = self.application.json_model(article)

    self.render("content.html",article = article)
```

此时,我们的博客文章内容就渲染到页面中了。

3.3.5 Docker 容器式部署

现在,我们利用 Docker 容器技术将整个博客系统部署起来。首先,编写 Dockerfile 文件,如下所示:

```
FROM mirekphd/python3.10-ubuntu20.04


RUN mkdir /root/blog
WORKDIR /root/blog
COPY requirements.txt ./
RUN apt-get update --fix-missing -o Acquire::http::No-Cache=True
RUN yes | apt-get install gcc
RUN python3 -m pip install --upgrade pip
RUN pip install -r requirements.txt -i https://pypi.tuna.tsinghua.edu.cn/simple


COPY . .
ENV LANG C.UTF-8
```

```
CMD ["python3","/root/blog/main.py"]
```

随后,在项目根目录的终端运行项目打包命令,如下所示:

```
docker build -t 'blog'.
```

打包成功以后,输入以下命令:

```
docker images
```

就可以看到镜像已经打包成功,如下所示:

```
REPOSITORY      TAG        IMAGE ID        CREATED         SIZE
blog            latest     f4c24f325e4e    2 hours ago     350MB
```

之后,在本地的 Mysql 终端设置我们可以远程访问,如下所示:

```
GRANT ALL PRIVILEGES ON *.* TO 'root'@'%' IDENTIFIED BY 'root' WITH GRANT OPTION;
FLUSH PRIVILEGES;
```

然后,运行 ifconfig 命令获取宿主机的 ip 地址,如下所示:

```
en0: flags=8863<UP,BROADCAST,SMART,RUNNING,SIMPLEX,MULTICAST> mtu 1500
    options=400<CHANNEL_IO>
    ether ac:bc:32:78:5e:c1
    inet6 fe80::10a8:9459:ff62:fad1%en0 prefixlen 64 secured scopeid 0x5
    inet 192.168.31.214 netmask 0xffffff00 broadcast 192.168.31.255
    nd6 options=201<PERFORMNUD,DAD>
    media: autoselect
    status: active
```

修改 models.py 的数据库地址为宿主机的 ip 地址 192.168.31.214,如下所示:

```
#这里 mytest 和 root 分别指代数据库名称以及用户和密码

database = peewee_async.PooledMySQLDatabase("blog",host="192.168.31.214",port=
3306,user="root",password="root")
```

再次运行打包命令,如下所示:

```
docker build -t 'blog'.
```

接着启动容器,如下所示:

```
docker run -d -p 8000:8000 blog
```

我们就可以通过 http://127.0.0.1:8000/的方式访问容器内部署好的 Tornado 服务了。

3.4　本章总结

本章主要掌握开发环境的搭建,并且接触和学习 Tornado 的基础功能。另外,通过开发一个比较简单的系统,大致了解 Tornado 的用法,体会它在项目开发过程中有哪些优势。本章的完整代码请移步 GitHub,详见 https://github.com/zcxey2911/tornado_blog。从下一章开始,我们将正式进入在线教育平台的开发,正所谓“雄关漫道真如铁,而今迈步从头越”。

第 4 章　项目启动:进入开发

在第 3 章中,通过博客系统的代码练习,我们对 Tornado 有了一个基本的认知,并且也掌握了基本功能的使用。在本章中,我们将为正式开发制定一些规范,如统一的编码规范、版本控制规范、项目结构规范等。有了这些规范之后,开发人员在开发过程中即使临时离开或者加入,也可以无缝衔接或者快速融入团队。

4.1　统一编码规范

好的代码绝不仅仅满足于完成一个项目,实现某个功能那么简单。在开发一个系统的过程中,需要重点考虑代码的可复用性、设计模式,这样才能够让后期维护变得更加方便简单。

除了高级的设计模式之外,编程过程中规范的代码也是至关重要的。它不仅有助于开发团队中的成员容易阅读和理解、提高团队合作效率,而且还可以避免因不规范造成的细节错误。举个例子,自定义模块和 Python 保留关键字重名问题,如果在写代码时考虑不周随意起名字,就会引起模块的重复写入,进而产生一系列不易被发现的问题。因此,保证良好的开发规范,能够减少很多疏忽、错误,为后期代码调试减少很多不必要的工作量。

4.1.1　Pylint 代码检查

Pylint 是一款 Python 代码分析工具,在企业级项目开发部署中,也常用作代码规范的代码静态检查,例如检查变量名称格式是否正确,检查代码长度等。它的主要功能有如下几个方面:

- 代码规范;
- 错误检测;
- 协助重构;
- 持续集成。

其中较为常用的就是代码规范和错误检测,能够按照 PEP8[①] 编程风格指导对代码进行静态检查,并提示代码哪里有错误或者哪里不够规范。

① PEP8 是 Python 业内公认的编码风格。

首先需要安装 Pylint,如下所示:

```
pip install pylint
```

Pylint 可以单独分析一个文件,如下所示:

```
pylint test.py
```

检查、分析单个文件之后,它会详细地列出 4 个等级的信息报告,分别是:

- convention(编码建议);
- refactor(重构意见);
- warning(代码警告);
- error(代码错误)。

紧急程度是自上而下递增的,也就是说,如果代码中出现了 error,那么你的代码肯定就跑不起来了。

Pylint 也可以分析整个项目中的所有代码文件,如下所示:

```
pylint directory_name/
```

确认之后,将会详细列出每一个问题的位置以及出了什么问题。

经过 Pylint 的代码检查之后,可以按照它的提示修改代码规范,从而极大地提高代码质量。由于 Pylint 是一款很优秀的 Python 代码静态分析工具,目前很多知名的编辑器都已经集成或者通过简单的配置拥有 Pylint 的功能,例如 Vim、Vscode 等。

4.1.2 开源项目风格

Pylint 虽然有很多优点,但是它也有一些不足之处。例如,它严格地按照 PEP8 进行规范,但是过于严格了,有很多情况是不必要的报警。提示的信息过多,容易导致无从下手,所以我们可以选择性地忽略报警信息。

很多知名的互联网企业都有一套自己的代码开发规范,而这些代码开发规范很多地方都相同,并非是天壤之别的差异。

这里就引出了本小节的主角——Google。众所周知,Google 是开源社区的主要贡献者之一,它们开源了很多知名且优质的项目,例如,近两年比较火的 TensorFlow。它们在开源项目中针对不同语言都有一套明确的风格指南,本小节从《Google 开源项目风格指南》中提炼出一些比较有价值的 Python 编程规范,希望能够对各位在 Python 开发中有所帮助。

1. Python 语言规范

导入包:使用模块全路径来导入包,这样能够避免模块名称相同而造成的冲突。

异常处理:需要注意两点。首先,raise 抛出异常时应该使用已有的异常类或者自定义异常类,例如 raise MyException("Error message"),避免抛出一串不知所云的字符串,例如 raise "Error message";其次,用 except 捕获异常时避免使用Exception 这类泛泛的异常。以上两点主要为了帮助后期调试,能够清楚抛出的是什么类型的异常,捕获了什么样的错误,有助于调试。

全局变量:尽量避免使用全局变量,可以用类变量替代。

列表推导:在逻辑简单的情况下鼓励使用列表推导式,而在逻辑复杂的情况下避免使用列表推导式,否则会造成代码的可读性变差。过滤器表达式中,简单的情形可以用一行列表推导式代替多行代码,如下所示:

```
result = []
for x in range(10):
    result.append(x * x)


result = [x * * 2 for x in range(10)]
```

生成器:可以有效地节省内存占用,可以按需使用生成器。

默认参数值:定义一个函数式,我们为了应对某些特例情况而添加几个参数,但是大多数情况下是用不到的。我们可以采用默认参数值的方式应对这些特例调用问题。这里需要注意,默认参数值不要使用可变对象,例如列表、字典等。

True/False 的求值:尽量使用隐式 False。在 Python 中所有的“空”值,例如 0、None、[]、{},都被认为是 False,我们在获取这些返回值时可以用隐式的 False。例如,如果返回的 foo 是一个空列表,我们可以用“if foo:”来判断它是否为“空”,而不是“if foo==[]:”。这样做不仅更加易读,而且能够避免犯错。

过时的语言特性:很多人编写代码习惯使用 filter、map、reduce 这类语言特性,建议尽可能使用列表推导或者用 for 循环替代。

对于用 Python 编程,每个人都有自己的风格,一千个人眼里有一千个哈姆雷特,你可以按照自己独特的风格去编写代码,但这样的话语言规范不会那么严格,疏忽之处容易造成错误。Python 风格规范更侧重于代码阅读中的地位,良好的风格规范能够让代码更加容易阅读,能够对团队协作、后期维护提供强有力的支撑。

2. Python 风格规范

行长度:代码行长度不要超过 80。使用过 Pycharm 的人应该都知道,它有一个代码长度指引线,也就是说,按照代码风格规范不要超过这个长度,但 Pycharm 默认的代码长度是 120,这里确实存在一些误导。很多大型公司,这个数值应该设定为 79。Pycharm 可以通过 Editor→Code Style 进行修改,vscode 通过 editor. rulers 设定修改。

括号:尽量少使用括号,尤其是在条件语句、返回语句中。

空行:顶级定义,例如,函数、类定义之间空两行,类定义和第一个方法、其他方法之间空一行。

空格:第一,括号内不要使用空格;第二,不要在逗号、冒号、分号前面加空格,应该在它们后面加空格;第三,运算符两边加空格。

Shebang:头部文件声明,具体而言,在 main 主文件前加上 #! /usr/bin/python2 或者 #! /usr/bin/python3。这是因为“#!”能够帮助内核找到 Python 解释器,当然,这只有在执行文件中才有必要，默认 main 为执行文件。

类继承：如果定义的类不从其他类继承，则可以显式地从 object 继承，也就是说，用 class“Sample(object):”，而不是“class Sample:”。

字符串：避免使用＋或者＋＝累加字符串，因为字符串是不可变对象。如果这样累加，将会导致创建不必要的临时对象，非线性地增加运行时间。

文件和 sockets：在文件和 sockets 结束时，应该显式地关闭它。这里推荐使用 with 语句，既避免重复地写关闭语句，也可防止忘记编写关闭语句，如下所示：

```
with open("test.log", 'r') as fp:
    lines = fp.readlines()
```

TODO 注释：介绍代码块或者代码段具体作用，这是一个良好的习惯。对临时代码进行 TODO 注释或者 FIXME 注释，能够很容易定位到即将解决的问题所在处。

导入模块格式：每个导入应该独占一行，如下所示：

```
#正确
import os
import sys

#错误
import os, sys
```

命名：第一，模块名、包名称、方法名、函数名、实例变量名、函数参数名、局部变量名应该使用小写字母加下划线的方式，例如 function_name；第二，类名、自定义异常名应该采用驼峰的命名方式，例如 ClassName；第三，全局变量名应该使用大写字母加下划线的方式，例如 GLOBAL_VAL_NAME。

养成良好的编码风格，能够大大减少开发过程中遇到的问题，虽然刚开始记忆这些规范会觉得非常枯燥，但是久而久之也就逐渐养成了。

4.2 版本控制规范

什么是版本控制？我们为什么要关心它？版本控制是一种记录一个或若干文件内容变化，以便将来查阅特定版本修订情况的系统。在本书所展示的例子中，我们对保存着软件源代码的文件作版本控制，但实际可以对任何类型的文件进行版本控制。

假设你是一位网页设计师，可能会需要保存某一个页面布局文件的所有修订版本，采用版本控制系统是个明智的选择。有了它，你就可以将选定的文件回溯到之前的状态，甚至将整个项目都回退到过去某个时间点的状态，然后比较文件的变化细节，查出最后是谁修改了哪个地方，又是谁在何时报告了某个功能缺陷，等等，从而找出导致怪异问题出现的原因。使用版本控制系统还意味着，就算你乱来一气把整个项目中的文件改的改删的删,也照样可以轻松恢复到原先的样子,而且额外增加的工作成本微乎其微。

4.2.1 Git 基础

Git 是一款分布式版本控制系统,在这类系统中,客户端并不只提取最新版本的文件快照,而是把代码仓库完整地镜像下来,包括完整的历史记录。这么一来,任何一处协同工作用的服务器发生故障,事后都可以用任何一个镜像出来的本地项目恢复。也就是说,它不仅可以在本地保存项目文件的各种版本,还可以在线上进行同步,即使本地计算机出现了问题,我们的项目版本也不会丢失。它的工作原理如图 4-1 所示。

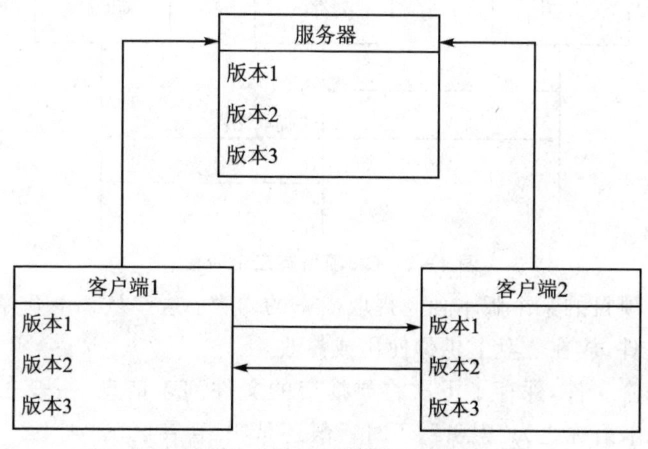

图 4-1 Git 工作原理示意图

籍此,你就可以在同一个项目中分别和不同工作团队的人相互协作。在 Git 中绝大多数操作都只需访问本地文件和资源,一般不需要来自网络上其他计算机的信息。如果你习惯于所有操作都有网络延时开销的集中式版本控制系统,Git 在这方面会让你感到速度之神赐给了 Git 超凡的能量。因为在本地磁盘上就有项目的完整历史,所以大部分操作看起来如同瞬间完成。

举个例子,要浏览项目的历史,Git 不需要外连到服务器上去获取历史,只需直接从本地数据库中读取,你就能立即看到项目历史。如果你想查看当前版本与一个月前的版本之间引入的修改,Git 会查找到一个月前的文件做一次本地的差异计算,而不是由远程服务器处理或从远程服务器拉回旧版本文件再来做本地处理。这也意味着,你在离线情况时几乎可以进行任何操作,比如你在飞机或火车上想做些工作,就能愉快地提交,直到有网络连接时再上传。

4.2.2 Git 操作流程

掌握了大体的概念,我们可以尝试一下具体操作流程。虽然 Git 是一个分布式的版本控制系统,但是它并不依赖互联网,即使在本地也可以完成操作。因此,对于一个新的项目,我们可以在本地直接使用命令 git init 初始化项目的版本系统,然后使用命令 git status 查看项目中文件的状态。

Git 有三种状态，分别是已提交（committed）、已修改（modified）和已暂存（staged），你的文件可能处于其中之一。

- 已提交表示数据已经安全地保存在本地数据库中；
- 已修改表示修改了文件，但还没有保存到数据库中；
- 已暂存表示对一个已修改文件的当前版本做了标记，使之包含在下次提交的快照中。

这三种状态会让我们的 Git 项目拥有三个阶段：工作区、暂存区以及 Git 仓库，如图 4-2 所示。

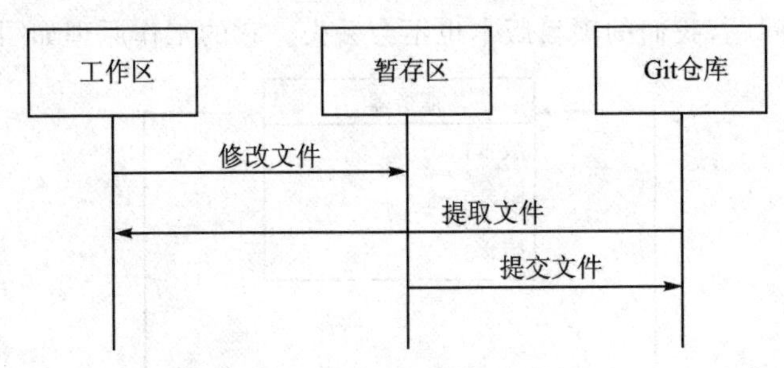

图 4-2　Git 项目有三个阶段

工作区是对项目的某个版本独立提取出来的内容。这些从 Git 仓库的压缩数据库中提取出来的文件，放在磁盘上供你使用或修改。

暂存区是一个文件，保存了下次将要提交的文件列表信息，一般在 Git 仓库目录中。按照 Git 的术语称之为"索引"，不过一般还是叫"暂存区"。

Git 仓库是 Git 用来保存项目的元数据和对象数据库的地方。这是 Git 中最重要的部分，从其他计算机克隆仓库时，复制的就是这里的数据。

基本的 Git 工作流程如下：

- 在工作区中修改文件。
- 将你想要下次提交的更改选择性地暂存，这样只会将更改的部分添加到暂存区。
- 提交更新，找到暂存区的文件，将快照永久性地存储到 Git 目录。

如果 Git 仓库中保存着特定版本的文件，就属于已提交状态；如果文件已修改并放入暂存区，就属于已暂存状态；如果自上次检出后，虽作了修改但还没有放到暂存区，就属于已修改状态。

4.2.3　Git 具体操作

这里以在线教育平台的项目为例，练习一下 Git 基本的常用命令，创建项目目录并且进入目录：mkdir edu & cd edu。

① 初始化 Git 目录：git init；

② 新建一个文件，比如 test. py；

③ 添加文件：git add test. py；

④ 提交文件：git commit -m"提交新文件"；

⑤ 修改文件 test. py 的内容；

⑥ 再次添加文件:git add test. py;

⑦ 再次提交文件:git commi t -m "修改文件内容"。

以上是日常工作中经常会操作的流程。需要注意的是,如果一次性添加或者修改的文件过多,可以使用 git add -A 命令进行一次性添加,而不是每一次都针对不同文件进行操作。这样可以节省操作时间。

熟练使用 Git 是每一个合格的开发人员都必不可少应有的技能。Git 也是一个团队协同合作的基础,对团队来说,每一个团队成员都必须掌握 Git 才能真正地满足工作中的需求。

4.3 项目结构规范

笔者在之前的工作中曾遇到过项目结构混乱的问题。由于项目周期比较短,在开发过程中项目成员会不假思索地在模块或者目录下添加新的代码,最后,项目虽然可以正常上线,但是项目结构的混乱导致该项目无法正常维护和功能迭代,当团队成员意识到这个问题时,已经悔之晚矣。殷鉴不远,在项目启动时,建立一个易维护并且可扩展的项目结构是非常重要的。

4.3.1 项目结构目录

不同于 Django 可以自动生成项目结构目录,Tornado 需要我们手动来定制。以在线教育平台为例,整个项目的目录结构如下所示:

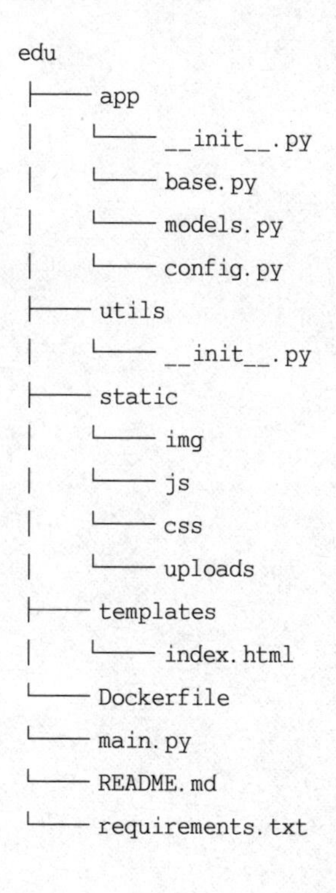

```
edu
├── app
│   └── __init__.py
│   └── base.py
│   └── models.py
│   └── config.py
├── utils
│   └── __init__.py
├── static
│   └── img
│   └── js
│   └── css
│   └── uploads
├── templates
│   └── index.html
└── Dockerfile
└── main.py
└── README.md
└── requirements.txt
```

```
└─── .gitignore
```

这是一个简单的扁平目录结构，各目录文件具体作用如下：

- Dockerfile：在 3.1.2 小节提到过，这个脚本文件用来运行当前项目的容器，不仅可以在本地运行，之后，当我们完成开发任务后期部署时也会用到。
- requirements.txt：项目所依赖的模块，新加入团队的成员可以通过 pip 命令一键安装这些模块，也可以利用 Dockerfile 在容器内安装。
- .gitignore：用来忽略一些 Git 所提交的文件，比如 pyc 或者一些日志文件。
- README.md：项目描述文件。
- app 目录：项目模块源码目录，几乎所有基于模块的功能性代码都要在这里编写。
- utils 目录：工具类代码存放目录。
- static 目录：静态文件存储目录。
- templates 目录：模板文件存储目录。

4.3.2 单一入口

在源码结构目录中，main.py 是项目的入口文件，同时也是项目唯一的入口文件。单一入口通常是指一个项目或者应用具有一个统一的入口文件，也就是说，项目的所有功能操作都是通过这个入口文件进行的，并且往往入口文件是第一步被执行的。

编写 main.py，如下所示：

```
import tornado.ioloop
import tornado.web

import peewee
import peewee_async

import aioredis
import asyncio

from app import article
from app.models import Article
from app.base import BaseHandler
from app.models import database
from app.config import debug,redis_link

from playhouse.shortcuts import model_to_dict
import json
from tornado.options import define, options
define('port', default = 8000, help = 'default port',type = int)
```

```
def json_model(model):
    return model_to_dict(model)

class MainHandler(BaseHandler):

    async def get(self):

        self.render("index.html",articles = articles)

urlpatterns = [
    (r"/", MainHandler)
]

urlpatterns += article.urlpatterns

import os

#创建 Tornado 实例
application = tornado.web.Application(urlpatterns,template_path = os.path.join(os.
path.dirname(__file__), "templates"),static_path = os.path.join(os.path.dirname(__file__),"
static"),debug = debug)

# peewee 数据库对象注入 Tornado 实例
application.objects = peewee_async.Manager(database)

async def redis_pool(loop):

    return await aioredis.create_redis_pool(redis_link, minsize = 1, maxsize = 10000, en-
coding = 'utf8', loop = loop)

loop = asyncio.get_event_loop()
application.redis = loop.run_until_complete(redis_pool(loop))

application.json_model = json_model

if __name__ == "__main__":
    tornado.options.parse_command_line()
    application.listen(options.port)
    tornado.ioloop.IOLoop.instance().start()
```

这里通过 app 目录导入了 base.py 基础控制器。编写 base.py,如下所示:

```
import json
import tornado
```

```
class BaseHandler(tornado.web.RequestHandler):

    def __init__(self, *args, **kwargs):
        tornado.web.RequestHandler.__init__(self, *args, **kwargs)
        self.rt = 0

    def set_default_headers(self):
        print("setting headers!!!")
        self.set_header("Access-Control-Allow-Origin", "*")
        self.set_header("Access-Control-Allow-Headers", "x-requested-with")
        self.set_header('Access-Control-Allow-Methods', 'POST,GET,PUT,DELETE')

    def render(self,template_name, **kwargs):
        self.rt = 1
        tornado.web.RequestHandler.render(self,template_name, **kwargs)

    def finish(self, chunk=None):
        if chunk is not None and self.rt == 0:
            chunk = json.dumps(chunk,indent=4, sort_keys=True, default=str,ensure_
ascii=False)
        tornado.web.RequestHandler.write(self,chunk)
        tornado.web.RequestHandler.finish(self)

    def post(self):
        self.write('some post')

    def get(self):
        self.write('some get')

    def put(self):
        self.write('some get')

    def delete(self):
        self.write('some get')

    def options(self, *args):
        # no body
        # '*args' is for route with 'path arguments' supports
        self.set_status(204)
        self.finish()
```

在基础控制器中,我们针对 Tornado 的 RequestHandler 控制器类的部分方法进行重写,增加了跨域、数据格式化等功能。如此一来,后续功能控制器只需继承基础控制器就可以使用父类的属性和方法,提高了代码的复用性。

4.3.3 数据库模型

与项目相关的一些配置信息,比如链接 Mysql 数据库使用的配置,都存放在 config. py 中,这样便于统一管理,如下所示:

```
# mysql 数据库配置
mysql_db = "edu"
mysql_user = "root"
mysql_password = "root"
mysql_host = "localhost"
mysql_port = 3306

# redis 数据库配置
redis_link = "redis://localhost"

#项目调试模式配置
debug = True
```

编写数据库模型文件 models. py,它能够帮助我们异步读/写数据库,如下所示:

```
from peewee import Model, DateTimeField
from datetime import datetime
from .config import mysql_db,mysql_password,mysql_user,mysql_host,mysql_port
import peewee_async
import peewee
database = peewee_async.PooledMySQLDatabase(mysql_db,host=mysql_host,port=mysql_port,user=mysql_user,password=mysql_password)

#建立基础类

class BaseModel(Model):
    create_time = DateTimeField(default=datetime.now, verbose_name="添加时间", help_text='添加时间')
    update_time = DateTimeField(default=datetime.now, verbose_name='更新时间', help_text='更新时间')

    def save(self, *args, **kwargs):
        if self._pk is None:
            self.create_time = datetime.now()
        self.update_time = datetime.now()
        return super(BaseModel, self).save(*args, **kwargs)
```

```
    class Meta:
        database = database
```

和基础控制器类一样,同样可以使用数据库基类提高复用性。这里基础数据库模型类默认有两个字段,分别是添加时间和更新时间。当执行添加或者更新操作时,会分别更新这两个时间,其他的数据库类只需继承基类就具备了这两个字段属性,非常方便。当其他模块有异步读/写数据库的需求时,直接导入 models.py 的模块即可。

至此,数据库配置以及数据层读/写模块的基本结构就完成了。这里采用相对简化和扁平的方式更容易让人理解,后续我们只需根据功能编写相应的逻辑代码即可。

4.3.4 前后端解耦

目前前后端分离模式已经成为了行业的主流。大流量时代,微服务的出现,让前后端分离的发展更是迅速;前端框架 Vue.js 的迅速发展,也让前后端分离趋势加快。

因此,在模板层面,引入 Vue.js 3.0 框架以及 axios.js 请求库,前端 Html 页面通过 Ajax 异步请求调用 Tornado 后端的接口服务并使用 Json 数据进行交互。

编写 main.py 入口文件,如下所示:

```
application = tornado.web.Application(urlpatterns,template_path = os.path.join(os.path.dirname(__file__), "templates"),static_path = os.path.join(os.path.dirname(__file__), "static"),debug = debug)
```

这里通过在应用配置中指定 static_path 选项来提供静态文件服务。这样配置以后,所有以 /static/ 开头的请求,都会直接访问到指定的静态文件目录,比如 http://127.0.0.1:8000/static/js/vue.js 会从指定的静态文件目录中访问到 vue.js 这个文件。

在 templates 目录中编写 index.html 文件,在 head 标签内添加,如下所示:

```
<script src = "/static/js/vue.js"></script>
```

如此就可以将 vue.js 框架引入 Tornado 模板内。或者,在模板中不想直接使用静态文件的 URL 地址,那么需要在模板中使用 static_url()方法来提供 URL 地址,如下所示:

```
<script src = "{{ static_url("js/vue.js") }}"></script>
```

除了 vue.js 文件以外,我们需要引入 axios.js 文件用来请求后端服务,还需要引入 css 文件让模板具备网页样式,如下所示:

```
<!DOCTYPE html>
<html lang = "en">

<head>
```

```
        < meta charset = "utf - 8" >
        < title > Edu < /title >
        < meta name = "viewport" content = "width = device - width, initial - scale = 1, shrink -
to - fit = no, viewport - fit = cover" >
        < link rel = "stylesheet" href = "{{ static_url("css/min. css") }}" >
        < script src = "{{ static_url("js/axios. js") }}" > < /script >
        < script src = "{{ static_url("js/vue. js") }}" > < /script >
    < /head >

    < body >
        < div id = "app" >
        < nav class = "navbar fixed - top navbar - expand - lg navbar - dark flex - column " >
            < div class = "container flex - row" >
                < a class = "navbar - brand" href = "/" >
                    < img src = "{{ static_url("img/logo. png") }}" width = "165" height = "
40" class = "d - inline - block align - top" alt = "Edu" >
                < /a >
                < button class = "navbar - toggler" type = "button" data - toggle = "collapse"
data - target = " # navbarSupportedContent" aria - controls = "navbarSupportedContent" aria -
expanded = "false" aria - label = "Toggle navigation" >
                    < span class = "navbar - toggler - icon" > < /span >
                < /button >
                < div class = "collapse navbar - collapse navbar - nav - scroll" id = "navbar-
SupportedContent" role = "navigation" aria - label = "Main Navigation" >
                    < ul class = "navbar - nav mr - 2 flex - fill" >
                        < li class = "nav - item" >
                            < a class = "nav - link" href = "/start - here/" > Start 
Here < /a >
                        < /li >

                    < /ul >
                    < div class = "d - block d - xl - none" >
                        < ul class = "navbar - nav" >
                            < li class = "nav - item" >
                                < a class = "nav - link" href = "/search" title = "Search" >
< span class = "d - block d - lg - none" > < i class = "fa fa - search" aria - hidden = "true" >
< /i > Search < /span > < span class = "d - none d - lg - block" > < i class = "fa fa - search"
aria - hidden = "true" > < /i > < /span > < /a >
                            < /li >
                        < /ul >
                    < /div >
                    < div class = "d - none d - xl - flex align - items - center mr - 2" >
                        < form class = "form - inline" action = "/search" method = "GET" >
```

```
                    <a class="js-search-form-submit position-absolute"
href="/search" title="Search"><i class="fa fa-search fa-fw text-muted pl-2" aria-
hidden="true"></i></a>
                    <input class="search-field form-control form-control-
md mr-sm-1 mr-lg-2 w-100" style="padding-left: 2rem;" maxlength="50"type="search"
placeholder="Search" aria-label="Search" name="q">
                    <input type="hidden" name="_from" value="nav">
                </form>
            </div>
            <ul class="navbar-nav">
                <li class="nav-item form-inline">
                    <a class="ml-2 ml-lg-0 btn btn-sm btn-primary px-3"
href="/account/join/">Join</a>
                </li>
                <li class="nav-item">
                    <a class="btn text-light" href="/account/login/?next=%
2F">SignIn</a>
                </li>
            </ul>
        </div>
    </div>
</nav>
<div  class="container main-content">

    Hello Tornado


    </div>
</div>
<footer class="footer">
    <div class="container">
        <p class="text-center text-muted w-75 mx-auto">© 2022 Edu •<br/>
♥ Happy Tornado!</p>
    </div>
</footer>

</div>

</body>

</html>
```

此时,启动后端 Tornado 服务,访问 http://127.0.0.1:8000,如图 4-3 所示。

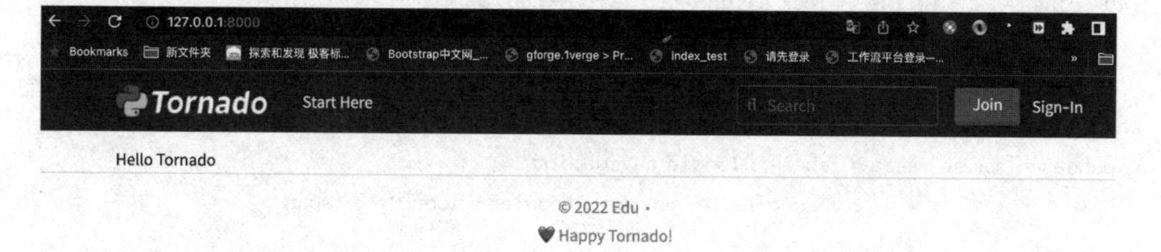

图 4-3 网站首页模板界面

接下来,在模板内创建 Vue 应用,如下所示:

```
const App = {
    data() {
        return {
            message: "Hello Tornado",
        };
    },
    created: function() {
    },
    methods: {
    },
};
const app = Vue.createApp(App);
app.config.globalProperties.myaxios = myaxios;
app.config.globalProperties.axios = axios;
app.config.compilerOptions.delimiters = ['${', '}']
app.mount("#app");
```

在 Vue 实例中添加一个 data 方法,在里面返回我们要用的变量,然后在 HTML 中使用模板语法 ${}来渲染,这样可以避免和 Tornado 模板中的渲染语法冲突。使用方式如下:

```
${message}
```

4.3.5 模板嵌套

在实际开发过程中,为了提高页面模板的灵活性和复用性,往往会使用模板嵌套的方式将公共的部分抽离出来。Tornado 中使用 include 语法来嵌套其他的模板,在 templates 目录中编写 head.html。头部模板,如下所示:

```
<nav class="navbar fixed-top navbar-expand-lg navbar-dark flex-column">
        <div class="container flex-row">
            <a class="navbar-brand" href="/">
```

```
                    < img src = "{{ static_url("img/logo.png") }}" width = "165" height =
"40" class = "d - inline - block align - top" alt = "Edu" >
                </a >
                < button class = "navbar - toggler" type = "button" data - toggle = "collapse"
data - target = " # navbarSupportedContent" aria - controls = "navbarSupportedContent" aria -
expanded = "false" aria - label = "Toggle navigation" >
                    < span class = "navbar - toggler - icon" > </span >
                </button >
                < div class = "collapse navbar - collapse navbar - nav - scroll" id = "navbar-
SupportedContent" role = "navigation" aria - label = "Main Navigation" >
                    < ul class = "navbar - nav mr - 2 flex - fill" >
                        < li class = "nav - item" >
                            < a class = "nav - link" href = "/start - here/" > Start 
Here </a >
                        </li >

                    </ul >
                    < div class = "d - block d - xl - none" >
                        < ul class = "navbar - nav" >
                            < li class = "nav - item" >
                                < a class = "nav - link" href = "/search" title = "Search" > <
span class = "d - block d - lg - none" > < i class = "fa fa - search" aria - hidden = "true" > </i >
Search </span > < span class = "d - none d - lg - block" > < i class = "fa fa - search" aria -
hidden = "true" > </i > </span > </a >
                            </li >
                        </ul >
                    </div >
                    < div class = "d - none d - xl - flex align - items - center mr - 2" >
                        < form class = "form - inline" action = "/search" method = "GET" >
                            < a class = "js - search - form - submit position - absolute"
href = "/search" title = "Search" > < i class = "fa fa - search fa - fw text - muted pl - 2" aria -
hidden = "true" > </i > </a >
                            < input class = "search - field form - control form - control -
md mr - sm - 1 mr - lg - 2 w - 100" style = "padding - left: 2rem;" maxlength = "50" type = "search"
placeholder = "Search" aria - label = "Search" name = "q" >
                            < input type = "hidden" name = "_from" value = "nav" >
                        </form >
                    </div >
                    < ul class = "navbar - nav" >
                        < li class = "nav - item form - inline" >
                            < a class = "ml - 2 ml - lg - 0 btn btn - sm btn - primary px - 3"
href = "/account/join/" > Join </a >
                        </li >
```

```
                    < li class = "nav - item" >
                        < a class = "btn text - light" href = "/account/login/? next = %
2F" > SignIn < /a >
                    </li >
                </ul >
            </div >
        </div >
    </nav >
```

接着,建立 foot.html。尾部模板,如下所示:

```
    < footer class = "footer" >
        < div class = "container" >
            < p class = "text - center text - muted w - 75 mx - auto" > © 2022 Edu  • < br / >
♥ Happy Tornado! < /p >
        </div >
    </footer >
```

如此,在 index.html 中,通过 include 标签就可以将独立的 head.html 和 foot.html 嵌套进来,如下所示:

```
< div >

    {% include "head.html" %}

    < div id = "app"  class = "container main - content" >

        ${message}

    {% include "foot.html" %}

    </div >
```

因此,在开发过程中我们只需专注于当前模块的模板开发即可,不需要考虑公共模板的代码。

4.4 本章总结

本章为进一步开发做了一些必要的准备,如介绍了统一编码规范以及 Git 的基本用法,规划 Tornado 项目结构并且搭建好基本的项目配置,这些都是在进入功能代码开发之前必不可少的流程。从下一章开始,我们将会进入功能性代码的编写。

第 5 章　用户模块

本章我们正式进入教育平台项目的根基——用户模块的开发，完成用户注册、登录、认证以及权限设计和用户后台管理等功能的开发，其中包含了业内相对重要的 JWT 鉴权、位运算以及设计模式等高端技术在 Tornado 中的运用。

5.1　用户注册

对于一个互联网项目，账号体系的设计是一切的根基。账号是产品与用户之间的绑定关系，是用户在产品中的唯一凭证。注册功能则是申请账号的第一步，为了确保账号的唯一性和注册的可信度，我们采用邮箱的方式进行注册行为。

5.1.1　数据模型

首先需要设计用户表的数据模型，编写 models. py 文件：

```
class User(BaseModel):

    email = peewee.CharField(unique=True,verbose_name='邮箱', help_text='邮箱')
    password = peewee.CharField(verbose_name='密码', help_text='密码')
    role = peewee.IntegerField(default=1,verbose_name='角色', help_text='角色 1 老师 2 学生 3 后台管理 4 客服')
    state = peewee.IntegerField(default=0,verbose_name='状态', help_text='0 待激活 1 已激活 2 已注销')

    class Meta:
        db_table = "user"
```

用户账号的唯一标识是邮箱，该字段默认添加唯一索引，同时辅以密码进行认证操作。除此以外，用户角色字段负责权限操作，用户状态则代表当前用户状态的合法性。

随后，编写脚本创建用户表：

```
if __name__ == "__main__":
    User.create_table(True)
```

5.1.2　注册接口

注册接口通过接收前端传递的邮箱和密码两个参数来完成注册动作。在 app 目录中编写 user.py，如下所示：

```
from tornado.web import url
import tornado.web

from .base import BaseHandler
from .models import User

class UserHandler(BaseHandler):

    #用户注册
    async def post(self):
        email = self.get_argument("email")
        password = self.get_argument("password")
        user = await self.application.objects.create(User,email = email,password = password)
        self.finish({"msg":"注册成功","errcode":0})

urlpatterns = [
    url('/user_signon/',UserHandler),
]
```

通过路由 user_signon 指向控制器 UserHandler，然后发起 POST 请求异步入库。让我们做一个简单的测试，编写 tests.py，如下所示：

```
import requests

if __name__ == "__main__":

    #注册测试
    data = {'email':'test@hotmail.com','password':'test'}
    r = requests.post("http://127.0.0.1:8000/user_signon/",data = data)
    print(r.text)
```

注册接口返回结果，如下所示：

```
{
    "msg": "注册成功"
}
```

随后，进入 Mysql 命令行，如下所示：

```
use edu;
Database changed
MySQL [edu]> select * from user;
```

```
+--+----------------+-------------+----------+-------------+
| id | create_time         | update_time         | email            | password|role|state |
+--+----------------+-------------+----------+-------------+
| 1  | 2022-05-07 13:03:24 |2022-05-07 13:03:24| test@hotmail.com| test    | 1|  0 |
+--+----------------+-------------+----------+-------------+
1 row in set (0.00 sec)
```

用户已经入库成功。

5.1.3 密码加密

注册接口虽然已经编写成功,但是显然,用户密码不能使用明文来存储,因为用明文的存储方式同时也意味着埋下了很大的隐患。一旦数据库信息泄露,黑客就可以拿到所有用户的邮箱及其密码。

在 utils 目录编写公共工具 utils.py 文件,如下所示:

```
import hashlib
def create_password(password):
    '''
    生成加密密码
    :param password:明文密码
    :return :密文密码
    '''
    h = hashlib.sha256()
    h.update(bytes(password, encoding='utf-8'))
    h_result = h.hexdigest()
    return h_result
```

这里通过 md5 加密算法将用户的明文密码转换为密文。

修改注册接口代码,如下所示:

```
from utils.utils import create_password

class UserHandler(BaseHandler):

    #用户注册
    async def post(self):

    email = self.get_argument("email")
    password = self.get_argument("password")

    user = await self.application.objects.create(User,email=email,password=create_
password(password))

    self.finish({"msg":"注册成功","errcode":0})
```

将加密工具方法导入到控制器中，然后在用户入库之前将用户密码加密，随后将密文入库，加密后的数据如下所示：

```
select * from user;
+--+--------------+-------------+-----------+--------------+
| id | create_time         | update_time         | email             | password| role | state|
+--+--------------+-------------+-----------+--------------+
|2   |2022-05-07 13:22:21 |2022-05-07 13:22:21|test@hotmail.com |9f86d081884c7d659a2feaa
                                                  0c55ad015a3bf4f1b2b0b822cd15d6c15b0f00a08
                                                                        |  1  |  0  |
+--+--------------+-------------+-----------+--------------+
1 row in set (0.00 sec)
```

5.1.4 唯一验证

注册需要确保一个邮箱只能注册为一个账号。这种情况下，我们的接口往往是第一道关卡，用户来注册之前，首先判断这个邮箱是否已经注册，如果已经注册则返回错误信息，或者告知直接去登录。

```
class UserHandler(BaseHandler):
    #用户注册
    async def post(self):
        email = self.get_argument("email")
        password = self.get_argument("password")

        user = await self.application.objects.get(User.select().where(User.email ==
email))

        if user:
            self.finish({"msg":"该邮箱已经存在","errcode":1})
        else:

            user = await self.application.objects.create(User,email = email,password =
create_password(password))
            self.finish({"msg":"注册成功","errcode":0})
```

如上所示，传统的验证方式是在入库之前，提前进行一步查询操作。如果查询结果存在，那么系统会判定该邮箱已经存在；反之，则进行入库动作。事实上，这一步查询操作并非是最好的解决方案，我们完全可以利用在5.1.1小节中创建的唯一索引解决问题，如下所示：

```
class UserHandler(BaseHandler):

    #用户注册
    async def post(self):
```

```
        email = self.get_argument("email")
        password = self.get_argument("password")

        try:
            user = await self.application.objects.create(User,email = email,password =
create_password(password))
            self.finish({"msg":"注册成功","errcode":0})
        except peewee.IntegrityError as e:
            self.finish({"msg":"该邮箱已经存在","errcode":1})
        except Exception as e:
            self.finish({"msg":"发生未知错误","errcode":2})
```

通过对 peewee.IntegrityError 异常的精准捕获,判断入库操作是否触发了设置好的唯一索引:如果触发了,说明该邮箱已经存在,反之则执行注册的入库动作。这样既节省了一次数据库的读取开销,又通过异常捕获机制提高了代码的健壮性,一箭双雕。

5.1.5 注册页面

后端接口已经调试成功,下面我们来编写前端的页面部分。首先在 templates 目录建立注册页面 sign_on.html,如下所示:

```
{ % include "head.html" % }

    < div id = "app"  class = "container main - content" >

  < div class = "row justify - content - center" >
  < div class = "col - md - 10 col - lg - 8 article" >
  < div class = "article - body page - body mx - auto" style = "max - width: 400px;" >
  < h1 class = "text - center mb - 4" > Sign - On < /h1 >
  < div class = "socialaccount_ballot" >
  < div class = "text - center mb - 3" >
  < ul class = "list - unstyled" >
  < li >
  < a title = "GitHub" class = "socialaccount_provider github btn btn - secondary btn - lg
w - 100" href = "/account/github/login/? process = login&amp; next = % 2F" > Connect With
 < strong > GitHub < /strong > < /a >
  </li >
  < /ul >
  < /div >
  < div class = "text - center text - muted my - 3" > - or -< /div >
  < /div >

  < div class = "text - center my - 4" >
```

```
< div class = "btn - group border badge - pill p - 2" >

< span class = "my - 0 badge - lg h4 py - 2  mr - 1" :class = "role  ==  1 ? 'badge - success': ''"
@click = "changerole(1)" > Teacher < /span >
< span class = "my - 0 badge - lg h4 py - 2 mr - 1" :class = "role  ==  2 ? 'badge - success': ''"
@click = "changerole(2)" > Student < /span >
< /div >
< /div >
< div class = "form - group" >
< div id = "div_id_login" class = "form - group" >
< label for = "id_login" class = " requiredField" >
Email < span class = "asteriskField" > * < /span >
< /label >
< div class = "" >
< input type = "email" name = "login" placeholder = "" autocomplete = "email" autofocus = "
autofocus" class = "textinput textInput form - control" >
< /div >
< /div >
< /div >
< div class = "form - group" >
< div id = "div_id_password" class = "form - group" >
< label for = "id_password" class = " requiredField" >
Password < span class = "asteriskField" > * < /span >
< /label >
< div class = "" >

< input type = "password" name = "password" placeholder = "" autocomplete = "current -
password" minlength = "8" maxlength = "99" class = "textinput textInput form - control" >
< /div >
< /div >
< /div >

< div class = "text - center" >
< button type = "submit" class = "btn btn - primary btn - lg text - wrap px - 5 mt - 2 w - 100"
name = "jsSubmitButton" > Sign - On < /button >
< /div >


< /div >
< /div >
< /div >
```

```
        </div>

        {% include "foot.html" %}

        </div>

        <script>

            const App = {
                data() {
                    return {
                        username:"",
                        password:"",
                        role:1
                    };
                },
                created: function() {

            });

                },
                methods: {
                    //切换角色
                    changerole:function(index) {
                    this.role = index;
                    }
                },
            };
    const app = Vue.createApp(App);
    app.config.globalProperties.myaxios = myaxios;
    app.config.globalProperties.axios = axios;
    app.config.compilerOptions.delimiters = ['${', '}']
    app.mount("#app");

        </script>
```

然后是编写 user.py，建立控制器渲染注册页面的模板以及路由指向，如下所示：

```
class SignOnHandler(BaseHandler):

    #用户注册页面
    async def get(self):

        self.render("sign_on.html")
```

```
urlpatterns = [
    url('/user_signon/',UserHandler),
    url('/sign_on/',SignOnHandler),
]
```

随后是访问注册页面 http://127.0.0.1:8000/sign_on/。

注册页面即被渲染成功,如图5-1所示。

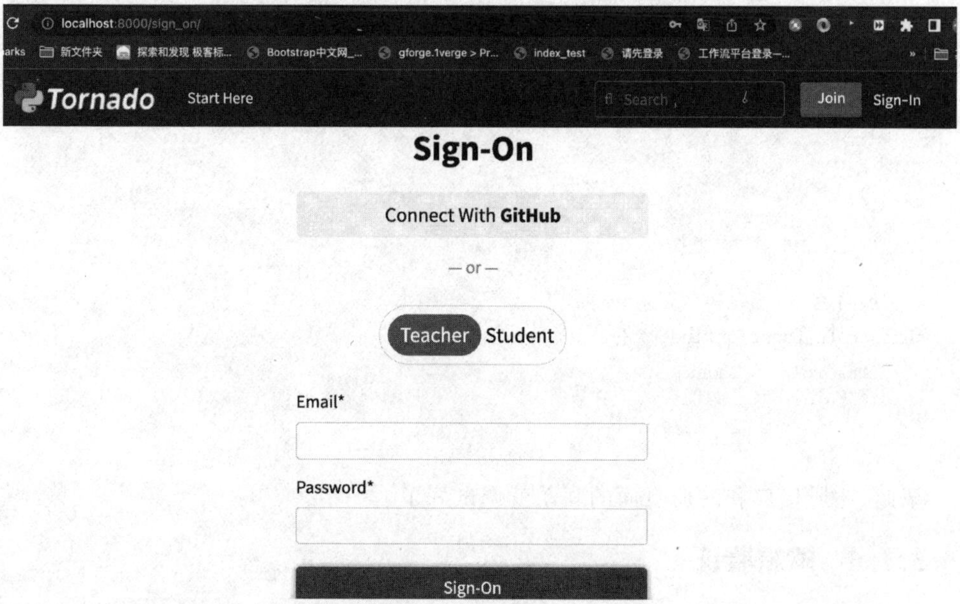

图5-1 注册页面

前端页面需要向后台提供三个参数,分别是邮箱、密码以及用户角色(老师/学生)。当用户填写好表单时,我们通过Vue.js框架的数据双向绑定机制获取表单数据,随后异步请求后端接口,如下所示:

```
methods: {

    sign_on:function(){

        if(this.email == ""){
                alert("邮箱不能为空");
                return false;
        }

        if(this.password == ""){
                alert("密码不能为空");
                return false;
```

```
        }

    //注册
    this.myaxios("/user_signon/","post",{"email":this.username,"password":this.password,"role":this.role}).then(data => {

        if(data.errcode != 0){
            alert(data.msg);
        }else{
            alert(data.msg);
            window.location.href = "/";
        }

    });

},
//切换角色
changerole:function(index) {
    this.role = index;
    }
}
```

至此,注册接口和注册页面的联动就调试好了。

5.1.6 邮箱验证

用户虽然注册成功,但是我们并不知道该邮箱是否可用,因为完成注册入库动作之后,用户状态依然是待验证状态,所以需要往该用户邮箱发送随机验证码,用户通过邮箱获取到验证码之后,再通过验证接口进行验证操作,从而达到更改用户状态的目的。

编写 utils.py,增加发送邮件的方法如下所示:

```
import smtplib
from email.mime.text import MIMEText
from email.mime.multipart import MIMEMultipart

async def sendMail(tomail,code):

    _user = "test@qq.com"                          #发送者的邮箱
    _pwd = "pvqdztafmwkqcafh"                      #发送者的授权码
    _to = "test@qq.com"                            #接收者的邮箱

    #如名字所示 Multipart 就是分多个部分
    msg = MIMEMultipart()
    msg["Subject"] = "邮箱验证"
```

```
    msg["From"] = _user
    msg["To"] = _to

    # --- 这是文字部分 ---
    part = MIMEText("验证码为:%s" % code,"html","utf-8")
    msg.attach(part)

    s = smtplib.SMTP_SSL("smtp.qq.com", 465)
    s.login(_user, _pwd)                    #登录服务器
    s.sendmail(_user, _to, msg.as_string())  #发送邮件
    s.close()

if __name__ == "__main__":
    sendMail("test@qq.com","1234")
```

这里需要注意的是,发送者邮箱需要事先开启 smtp 服务,通常情况下需要单独设置。这里以 QQ 邮箱为例子,如图 5-2 所示。

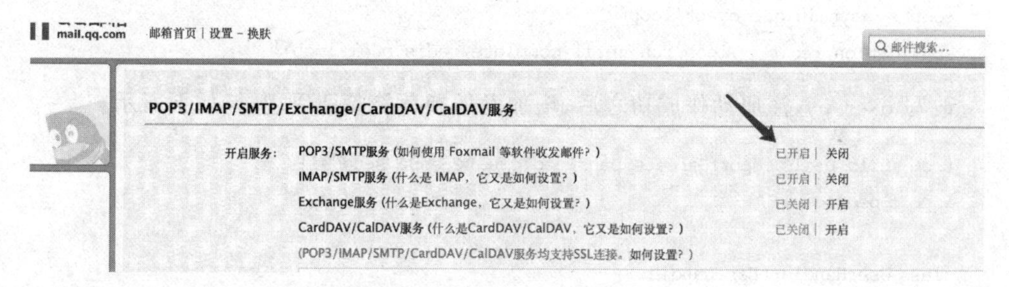

图 5-2 开启 smtp 服务

接着,添加随机验证码方法:

```
import random
def create_code(abc = True):
    '''
生成随机验证码
    :param abc:类型,为真时返回带字母的验证码,否则返回不带字母的验证码
    :return :六位验证码
    '''
    if abc:
        base_str = '0123456789qwerrtyuioplkjhgfdsazxcvbnm'
    else:
        base_str = '0123456789'
    return ''.join([random.choice(base_str) for _ in range(6)])

if __name__ == "__main__":
    print(create_code())
```

利用 Python 内置的 random 随机库,该方法可以返回 6 位的随机验证码。接下来,只需用发送邮件的方法将生成好的验证码发送到用户邮箱即可。但是在这之前,我们需要将验证码记录下来,便于之后的用户验证操作。

验证码的存储方案我们选择 Redis:首先进入下载地址 https://github.com/tporadowski/redis/releases,选择 5.0 版本进行安装,随后安装异步 redis 操作库:

```
pip3 install aioredis==1.3.1
```

接着编写 main.py,将 redis 操作库注入 Tornado 事件循环实例中,如下所示:

```
import aioredis
from app.config import debug,redis_link

async def redis_pool(loop):
    return await aioredis.create_redis_pool(redis_link, minsize=1, maxsize=10000, encoding='utf8', loop=loop)

loop = asyncio.get_event_loop()
application.redis = loop.run_until_complete(redis_pool(loop))
```

改写 user.py,注册动作成功之后,增加发送和存储验证码逻辑,如下所示:

```
from utils.utils import create_password,create_code,sendMail
import peewee

class UserHandler(BaseHandler):

    #用户注册
    async def post(self):

        email = self.get_argument("email")
        password = self.get_argument("password")
        role = self.get_argument("role",1)

        try:
            user = await self.application.objects.create(User,email=email,password=create_password(password),role=int(role))
            #发送随机验证码
            code = create_code()
            await sendMail(user.email,code)
            await self.application.redis.set(user.email,code)

            self.finish({"msg":"注册成功","errcode":0})
        except peewee.IntegrityError as e:
```

```
            self.finish({"msg":"该邮箱已经存在","errcode":1})
        except Exception as e:
            print(str(e))
            self.finish({"msg":"发生未知错误","errcode":2})
```

这里先利用 create_code 方法获取随机验证码，通过 sendMail 发送到用户邮箱；之后直接使用用户的邮箱作为 key，将验证码存储到 Redis 数据库中。

接着是编写邮箱验证接口，如下所示：

```
#邮箱验证
class EmailActive(BaseHandler):

    async def get(self):

        email = self.get_argument("email")
        code = self.get_argument("code")

        redis_code = await self.application.redis.get(email)

        if redis_code and redis_code == code:
            self.finish({"msg":"验证成功"})
            user = await self.application.objects.get(User.select().where(User.email
== email))
            user.state = 1
            await self.application.objects.update(user)
            user.save()
        else:
            self.finish({"msg":"验证码错误"})
```

当验证码验证成功之后，我们需要通过用户邮箱异步查询出用户数据，然后将用户状态修改为已验证。至此，邮箱验证功能就完成了。

5.2 用户登录

登录逻辑和注册逻辑基本一致，但登录的过程只对 Mysql 数据库进行读操作，比对用户的信息是否存在。

5.2.1 登录接口

编写 user.py，添加登录接口，如下所示：

```
class UserHandler(BaseHandler):
```

```
    #用户登录
    async def get(self):

        email = self.get_argument("email")
        password = self.get_argument("password")

        try:
            user = await self.application.objects.get(User.select().where( (User.email == email) & (User.password == create_password(password))))
            self.finish({"msg":"登录成功","errcode":0})
        except Exception as e:
            self.finish({"msg":"用户名或者密码错误","errcode":1})
```

如果密码和邮箱比对成功，说明该用户已注册过并且合法；如果比对失败，则返回对应的响应数据，让前端提示用户。

5.2.2 JWT 令牌

JWT(Json Web Token)的原理是，用户登录成功之后，生成一个 JSON 对象，返回给前端，如下所示：

```
{
    "邮箱":"test@qq.com",
    "角色":"老师",
    "到期时间":"2022 年 7 月 1 日 0 点 0 分"
}
```

在这之后，用户与服务端通信时都要发送这个 JSON 对象。服务器完全只靠这个对象认定用户身份。为了防止用户篡改数据，服务器在生成这个对象时会进行加密操作。

这里通过 pyjwt 库来实现 Token 令牌的生成。首先安装 pyjwt，如下所示：

```
pip3 install pyjwt
```

接着编写 utils.py，增加 Token 工具类，如下所示：

```
import jwt

class MyJwt:

    def __init__(self):

        self.password = "pvqdztafmwkqcafh"

    def encode(self,user):
```

```
        encode_str = jwt.encode(user,self.password,algorithm = "HS256")
        return encode_str

    def decode(self,jwt_str):

        return jwt.decode(jwt_str,self.password,algorithms = ['HS256'])
```

encode方法通过HS256算法对用户信息进行加密操作，而decode方法则进行解密，解密后可以对用户信息进行比对。

改造登录接口，如下所示：

```
class UserHandler(BaseHandler):

    #用户登录
    async def get(self):

        email = self.get_argument("email")
        password = self.get_argument("password")

        try:
            user = await self.application.objects.get(User.select().where((User.
email == email) & (User.password == create_password(password))))
            myjwt = MyJwt()
            token = myjwt.encode({"id":user.id})
            self.finish({"msg":"登录成功","errcode":0,"token":token})
        except Exception as e:
            print(str(e))
            self.finish({"msg":"用户名或者密码错误","errcode":1})
```

当用户登录成功后，将加密好的token返回给前端，前端会将token存储好，以后每次向后端发起请求时，都会携带token。当然，token并不是绝对安全的，在客户端也会发生token被窃取或者被破译的可能，所以我们需要为token加上生命周期，如下所示：

```
import datetime

def encode_date(self,user):

        encode_str = jwt.encode({'exp': int((datetime.datetime.now() + datetime.time-
delta(seconds = 3000)).timestamp()),"data":user},self.password,algorithm = 'HS256')

        return encode_str
```

token的生命周期到期之后会自动失效，用户需要重新进行登录操作来获取新的

token。

5.2.3 登录页面

在 templates 目录建立登录页面 sign_in. html，如下所示：

```
{ % include "head.html" % }

    < div id = "app"  class = "container main - content" >

  < div class = "row justify - content - center" >
  < div class = "col - md - 10 col - lg - 8 article" >
  < div class = "article - body page - body mx - auto" style = "max - width: 400px;" >
  < h1 class = "text - center mb - 4" > Sign - in < /h1 >
  < div class = "socialaccount_ballot" >
  < div class = "text - center mb - 3" >
  < ul class = "list - unstyled" >
  < li >
  < a title = "GitHub" class = "socialaccount_provider github btn btn - secondary btn - lg
w - 100" href = "/account/github/login/? process = login&amp; next = % 2F" > Connect With
< strong > GitHub < /strong > < /a >
  < /li >
  < /ul >
  < /div >
  < div class = "text - center text - muted my - 3" > - or - < /div >
  < /div >

  < div class = "form - group" >
  < div id = "div_id_login" class = "form - group" >
  < label for = "id_login" class = " requiredField" >
  Email < span class = "asteriskField" > * < /span >
  < /label >
  < div class = "" >
  < input type = "email" v - model = "email" placeholder = "" autocomplete = "email" autofo-
cus = "autofocus" class = "textinput textInput form - control" >
  < /div >
  < /div >
  < /div >
  < div class = "form - group" >
  < div id = "div_id_password" class = "form - group" >
  < label for = "id_password" class = " requiredField" >
  Password < span class = "asteriskField" > * < /span >
  < /label >
  < div class = "" >
```

```
< input type = "password" v - model = "password" placeholder = "" autocomplete = "current -
password" minlength = "8" maxlength = "99" class = "textinput textInput form - control" >
    < /div >
    < /div >
    < /div >

    < div class = "text - center" >
    < button   class = "btn btn - primary btn - lg text - wrap px - 5 mt - 2 w - 100" name = "jsSub-
mitButton" @click = "sign_on" > Sign - In < /button >
    < /div >

    < /div >
    < /div >
    < /div >

        < /div >

        { % include "foot. html" % }

        < /div >
```

同时，修改 user. py，增加控制器和对应路由，如下所示：

```
class SignInHandler(BaseHandler):

    #用户登录页面
    async def get(self):
        self.render("sign_in.html")
```

访问 http://127.0.0.1/sign_in/，如图 5 - 3 所示。

接着，编写前端请求登录接口逻辑，如下所示：

```
//登录 this.myaxios("/user_signon/","get",{"email":this.email,"password":this.pass-
word}).then(data = >{

    if(data.errcode != 0){
        alert(data.msg);
    }else{
        alert(data.msg);
        localStorage.setItem("token",data.token);
        window.location.href = "/";
    }

});
```

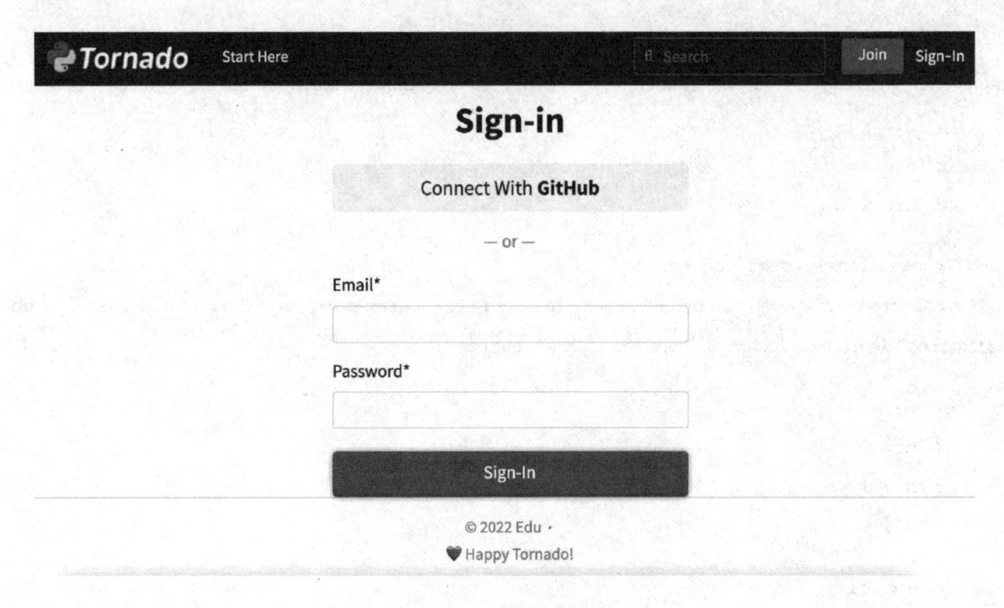

图 5 - 3　登录页面

当前端获取到后端返回的 token 后，将其存储到客户端的 localStorage 中。打开浏览器的开发者工具，可以查看 token 是否存储成功，如图 5 - 4 所示。

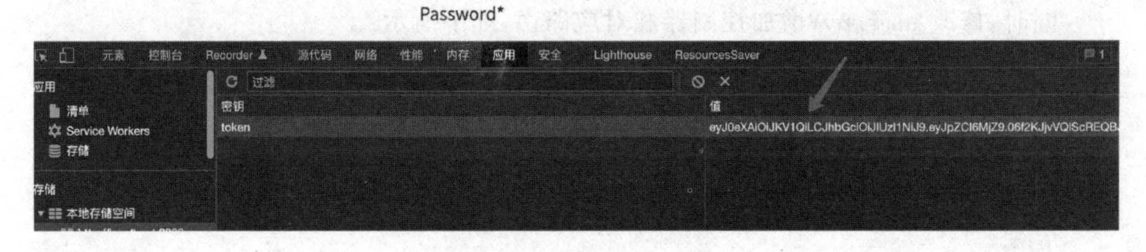

图 5 - 4　localStorage 存储 token

前端存储 token 之后，以后的请求全部将 token 设置在请求头中，便于后端进行查验的操作，设置请求头逻辑：

```
axios.defaults.headers.common['token'] = localStorage.getItem("token");
```

5.2.4　图像验证码

用户在登录页面执行登录行为时，我们需要考虑这种行为是否是一种安全行为：是真实用户的操作还是某种机器行为。图形验证码作为一种人机识别手段，其终极目的就是区分是正常人操作还是机器的操作。这里我们通过 Python 的 Pillow 库配合 Tornado 的字节流来制作图形验证码。首先安装 pillow，如下所示：

```
pip3 install pillow
```

随后，编写验证码逻辑，如下所示：

```
import random
from PIL import ImageDraw
from PIL import Image
import io

class ImgCode(BaseHandler):

    def get_random_color(self):
        R = random.randrange(255)
        G = random.randrange(255)
        B = random.randrange(255)
        return (R,G,B)

    async def get(self):
        #定义画布大小:宽、高
        img_size = (120,50)
        #定义画笔:颜色种类、画布、背景颜色
        image = Image.new("RGB",img_size,'white')
        #定义画笔对象:图片对象、颜色类型
        draw = ImageDraw.Draw(image,'RGB')
        #定义随机字符
        source = '0123456789asdfghjkl'
        #定义四个字符
        #定义好容器,用来接收随机字符串
        code_str = ''
        for i in range(4):
            #获取随机颜色 字体颜色
            text_color = self.get_random_color()
            #获取随机字符串
            tmp_num = random.randrange(len(source))
            #获取字符集
            random_str = source[tmp_num]
            #将随机生成的字符串添加到容器中
            code_str += random_str
            draw.text((10 + 30 * i,20),random_str,text_color)
        #使用 io 获取一个缓存区
        buf = io.BytesIO()
        image.save(buf,'png')
        self.set_header('Content-Type','image/png')
        #将图片保存到缓存区
        return self.finish(buf.getvalue())
```

```
urlpatterns = [
    url('/imgcode/',ImgCode),
]
```

通过 random 库随机生成 4 位的验证码，每一次生成后会往字节流内绘制一个图形字符。这里图形的颜色也是随机生成。然后，Tornado 直接将字节流图片返回到浏览器，采用字节流传输，而不使用实体图片，是因为字节流可以通过从文件中读取小块到可重用缓冲区并将这些块写入 HTTP 流，从而可以使用更少的内存。

随后访问 http://127.0.0.1:8000/imgcode/，如图 5-5 所示。

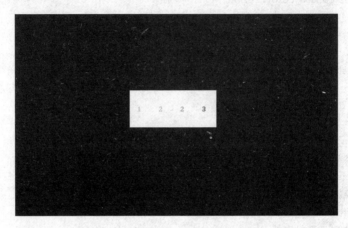

图 5-5　图形验证码

如果想使用的话，直接将字节流图片的地址嵌入到登录页面即可，而验证码字符串则可以直接保存到 Redis 数据库中：

```
self.application.redis.set("imgcode",code_str)
```

比对验证码逻辑：

```
redis_code = await self.application.redis.get("imgcode")
    if redis_code != code:
        self.finish({"msg":"验证码有误","errcode":1})
```

5.2.5　用户认证

当服务端接收到前端的请求时，会从请求头中提取 token 的信息，然后通过 5.2.2 小节中的 decode 方法进行解密操作。如果 token 不存在或者解密失败，那么系统会判定当前用户认证失败，迫使用户重新登录。在后端接口数量庞大的情况下，为了提高认证代码的复用性，我们使用装饰器来做 token 的认证操作。在 utils 目录编写 decorators.py 文件，如下所示：

```
from functools import wraps
from .utils import MyJwt
```

```
from app.models import User
import jwt

def jwt_async():
    '''
    JWT认证装饰器
    '''
    def decorator(func):
        @wraps(func)
        async def wrapper(self, *args, **kwargs):
            try:
                token = self.request.headers.get('token', None)
                if not token or token == "null":
                    return self.finish({"msg": "身份认证信息未提供。", "errorCode":1})

                myjwt = MyJwt()
                uid = myjwt.decode(token).get("id")
                user = await self.application.objects.get(
                    User,
                    id=uid
                )
                if not user:
                    return self.finish({"msg": "用户不存在", "errcode": 5, "data": {}})
                self._current_user = user
                await func(self, *args, **kwargs)
            except jwt.exceptions.ExpiredSignatureError as e:
                return self.finish({"msg": "Token过期", "errcode":2})
            except jwt.exceptions.DecodeError as e:
                return self.finish({"msg": "Token不合法", "errcode":3,})
            except Exception as e:
                print(str(e))
                return self.finish({"msg": "Token异常", "errcode": 4,})
        return wrapper
    return decorator
```

如果请求头中不存在Token,那么系统会直接返回错误信息;否则,就会对Token进行解码操作,并且利用Token中存储好的用户id做查询操作,用来判断用户是否存在。在解码过程中,需要捕获三种异常行为,分别是Token的过期、合法性以及异常问题。除此之外,对于通过认证的登录用户,会将用户信息存储到self._current_user对象中,方便后续调用。

之后,如果有后台接口需要做认证操作,只需将这个认证装饰器装饰到异步方法上面即可,如下所示:

```
#邮箱验证
from utils.decorators import jwt_async
class EmailActive(BaseHandler):

    @jwt_async()
    async def get(self):

        email = self.get_argument("email")
        code = self.get_argument("code")

        redis_code = await self.application.redis.get(email)

        if redis_code and redis_code == code:
            self.finish({"msg":"验证成功"})
            user = await self.application.objects.get(User.select().where(User.email
== email))
            user.state = 1
            await self.application.objects.update(user)
            user.save()

        else:
            self.finish({"msg":"验证码错误"})
```

如果用户需要注销自己的 Token，那么在客户端对 Token 进行删除操作即可，如下所示：

```
localStorage.removeItem("token")
```

5.3 三方登录

三方登录，是说基于用户在第三方平台上已有的账号和密码来快速完成己方应用的登录或者注册的功能。这里的第三方平台，一般是已经拥有大量用户的平台，比如 Github、Google 等。相比于本地注册，第三方登录一般来说比较方便、快捷，能够显著降低用户的注册和登录成本，方便用户实现快捷登录或注册。

基本流程是，首先从教育平台跳转到第三方平台，如果用户统一使用第三方平台的账号进行登录操作，那么第三方平台会回跳到教育平台并且携带一个授权码；教育平台获取到授权码后，利用授权码请求第三方平台的 Token，随后用第三方平台的 Token 获取第三方平台的用户信息，并且将用户信息入库操作。

5.3.1 Github 三方登录

对于 Github 平台，我们需要先去官网新建一个三方认证的应用。前往 https://

github. com/settings/applications/new ,对应表单填写应用名称、应用首页以及回跳网址,如图 5 - 6 所示。

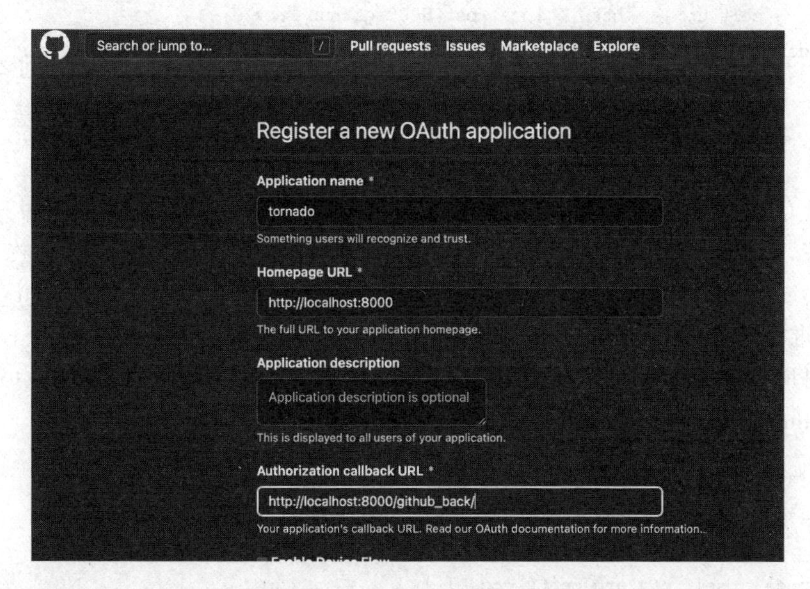

图 5 - 6　Github 三方登录应用

提交表单之后,Github 会返回应用的 id(client id)和密钥(client secret),这就是应用的身份识别码,如图 5 - 7 所示。

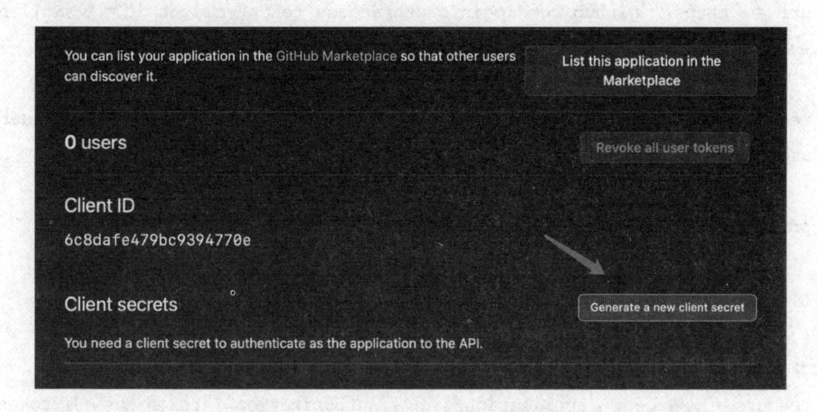

图 5 - 7　Github 应用 id 和密钥

随后,编写 user. py 文件,添加 Github 应用类,如下所示:

```
# github 登录类
class GithubSign(BaseHandler):

    def __init__(self, * args, * * kwargs):

        super(GithubSign,self).__init__( * args, * * kwargs)
```

```
        self.clientid = "249b69d8f6e63efb2590"
        self.clientsecret = "b5989f2c67d6f51d5dffc69fecd8140fbb8277a9"
        self.url = "http://localhost:8000/github_back/"
    def get_url(self):

        return "https://github.com/login/oauth/authorize? client_id=%s&redirect_uri=%s" % (self.clientid,self.url)
```

这里 Github 登录类同样继承 Base 基类,作为子类的构造方法必须调用其父类的构造方法,确保进行基本的初始化。这里使用 super 进行子类调用父类的构造方法。实例方法 get_url 会返回 GitHub 的授权地址,并且带有两个参数:client_id 通知 GitHub 谁在请求,redirect_uri 是稍后跳转回来的回调网址。

当用户授权 Github 登录成功后,Github 会携带授权码访问 http://localhost:8000/github_back/。编写 user.py 文件,增加回调逻辑,如下所示:

```
#回调网址
async def get(self):

    code = self.get_argument("code")

    headers = {'accept':'application/json'}

    url = "https://github.com/login/oauth/access_token? client_id=%s&client_secret=%s&code=%s" % (self.clientid,self.clientsecret,code)

    res = await httpclient.AsyncHTTPClient().fetch(url,method='POST',headers=headers,validate_cert=False,body=b")

    print(json.loads(res.body.decode()))

    token = json.loads(res.body.decode())["access_token"]

    #获取 GitHub 用户信息
    headers = {'accept':'application/json',"Authorization":"token %s" % token}
    res = await httpclient.AsyncHTTPClient().fetch("https://api.github.com/user",method='GET',headers=headers,validate_cert=False)

    userinfo = json.loads(res.body.decode())
```

利用授权码换取 Token,最后使用 Token 获取用户信息。这里向第三方发送请求使用的是 Tornado 异步请求库 httpclient,接口会打印 Github 返回的用户信息,如下所示:

```
{
```

```
    'login': 'zcxey2911',
    'id': 1288038,
    'node_id': 'MDQ6VXNlcjEyODgwMzg=',
    'avatar_url': 'https://avatars.githubusercontent.com/u/1288038?v=4',
    'gravatar_id': '',
    'url': 'https://api.github.com/users/zcxey2911',
    'html_url': 'https://github.com/zcxey2911',
    'followers_url': 'https://api.github.com/users/zcxey2911/followers',
    'following_url': 'https://api.github.com/users/zcxey2911/following{/other_user}',
    'gists_url': 'https://api.github.com/users/zcxey2911/gists{/gist_id}',
    'starred_url': 'https://api.github.com/users/zcxey2911/starred{/owner}{/repo}',
    'subscriptions_url': 'https://api.github.com/users/zcxey2911/subscriptions',
    'organizations_url': 'https://api.github.com/users/zcxey2911/orgs',
    'repos_url': 'https://api.github.com/users/zcxey2911/repos',
    'events_url': 'https://api.github.com/users/zcxey2911/events{/privacy}',
    'received_events_url': 'https://api.github.com/users/zcxey2911/received_events',
    'type': 'User',
    'site_admin': False,
    'name': '刘悦',
    'company': None,
    'blog': 'V3U.cn',
    'location': 'Beijing',
    'email': 'zcxey2911@hotmail.com',
    'hireable': None,
    'bio': '钻研技术的时间并没有流失,而是换了一种形式陪在你身边',
    'twitter_username': None,
    'public_repos': 43,
    'public_gists': 0,
    'followers': 16,
    'following': 0,
    'created_at': '2011-12-27T11:17:41Z',
    'updated_at': '2022-05-08T04:11:19Z'
}
```

接着,编写异步方法,将信息入库保存。其逻辑是如果数据库里保存过三方登录账号,那么就直接读取数据库中的,否则就针对三方账号进行入库操作,如下所示:

```
async def set_user(self,email):

    try:
        user = await self.application.objects.get(User,email=email)
    except Exception as e:
        user = await self.application.objects.create(User,email=email,password=create_password("third"))
```

```
    myjwt = MyJwt()
    token = myjwt.encode({"id":user.id})

    return token
```

用 5.2.2 小节中的 JWT 库将三方账号做加密操作，返回教育平台的 token，同时将 Token 利用网址传参的方式重定向到前端首页，如下所示：

```
userinfo = json.loads(res.body.decode())
token = await self.set_user(userinfo["email"])
self.redirect('/?token=%s' % token)
```

最后，前端将 token 获取并存储到 localstorage 中，如下所示：

```
const App = {
    data() {
        return {
            token:"{{ token }}"
        };
    },
    created: function() {

        if(this.token != "None"){
            localStorage.setItem("token",this.token)
        }
    },
    methods: {
    },
};
const app = Vue.createApp(App);
app.config.globalProperties.myaxios = myaxios;
app.config.globalProperties.axios = axios;
app.config.compilerOptions.delimiters = ['${', '}']
app.mount("#app");
```

至此，Github 三方登录的逻辑就结束了。

5.3.2 工厂模式封装

完成了 Github 三方登录功能，我们不禁会思考：这种控制器实例类继承的方式虽然简单方便，但是如果有其他项目也需要集成三方登录功能，那么现有代码的高耦合逻辑就很难实现重用。在系统的设计中，有一个重要的设计原则，就是针对接口而非实现编程。每当我们实例化一个功能对象时，用到的就是实现编程，而不是接口。这样一来，代码绑定着具体类，会导致代码更脆弱，缺乏弹性。

因此,需要通过工厂模式进行解耦操作。通过观察5.3.1小节中的代码逻辑,我们可以总结出,三方登录都会实现跳转地址拼接方法、获取token方法、请求用户信息方法以及用户数据留存的方法,于是我们可以为三方登录模块抽取出一个IdProvider抽象类,该类应该有对应上面方法的接口,如下所示:

```
from abc import ABCMeta, abstractmethod

class IdProvider(metaclass = ABCMeta):

    #跳转url
    @abstractmethod
    def get_url(self):
        pass

    #获取token
    @abstractmethod
    async def get_token(self,code):
        pass

    #获取用户信息
    @abstractmethod
    async def get_user(self,token):
        pass

    #用户信息留存
    @abstractmethod
    async def set_user(self,user):
        pass
```

抽象类隔离了具体类的生成,使得用户并不需要知道什么被创建。由于这种隔离,所以更换一个具体类就变得相对容易。所有的具体类都必须实现抽象类中定义的那些公共接口,如下所示:

```
class GithubProvider(IdProvider):

    def __init__(self):

        self.clientid = "249b69d8f6e63efb2590"
        self.clientsecret = "b5989f2c67d6f51d5dffc69fecd8140fbb8277a9"
        self.url = "http://localhost:8000/github_back/"
        self.database = peewee_async.Manager(database)

    def get_url(self):
```

```
        return "https://github.com/login/oauth/authorize? client_id = % s&redirect_uri = %
s" % (self.clientid,self.url)

    async def get_token(self,code):

        headers = {'accept':'application/json'}

        url = "https://github.com/login/oauth/access_token? client_id = % s&client_se-
cret = % s&code = % s" % (self.clientid,self.clientsecret,code)

        res = await httpclient.AsyncHTTPClient().fetch(url,method = 'POST',headers =
headers,validate_cert = False,body = b'')

        print(json.loads(res.body.decode()))

        token = json.loads(res.body.decode())["access_token"]

        return token

    async def get_user(self, token):

        # 获取 GitHub 用户信息
        headers = {'accept':'application/json',"Authorization":"token % s" % token}
        res = await httpclient.AsyncHTTPClient().fetch("https://api.github.com/us-
er",method = 'GET',headers = headers,validate_cert = False)

        userinfo = json.loads(res.body.decode())

        return userinfo

    async def set_user(self, user):

        try:
            user = await self.database.get(User,email = email)
        except Exception as e:
            user = await self.database.create(User,email = email,password = create_
password("third"))

        myjwt = MyJwt()
        token = myjwt.encode({"id":user.id})

        return token
```

这里具体的 GithubProvider 类依次实现了抽象类 IdProvider 的所有方法，并且和 Tornado 内部的控制器类进行隔离，减少了耦合度。

除此之外，我们还可以创建一个 IdFactory 工厂类。该类是创建实例的唯一入口，里面提供一个静态 create 方法。create 方法的作用是根据传入的参数返回对应的三方登录类的实例，如下所示：

```
class IdFactory:

    @staticmethod
    def create(name):
        if name == 'github':
            return GithubProvider()
```

无论是当前项目还是其他别的项目调用，只需用静态的 create()方法即可获取对应的类实例。比如使用 GitHub 账号登录，我们只要调用 IdFactory.create()获取到 GitHub 的 GithubProvider，获取到对象之后，可以配合 Tornado 的控制器类进行 GitHub 账号登录的具体操作，如下所示：

```
# github 登录类(工厂)
class GithubFactory(BaseHandler):
    def __init__(self, *args, **kwargs):
        super(GithubFactory,self).__init__(*args, **kwargs)
        self.github = IdFactory.create("github")
    async def get(self):
        code = self.get_argument("code")
        #获取 token
        token = await self.github.get_token(code)
        #获取用户信息
        user = await self.github.get_user(token)
        #留存用户信息
        token = await self.github.set_user(user)
        #重定向
        self.redirect('/?token=%s' % token)
```

如此，工厂模式让我们对项目模块的管理进行了统一，添加额外的功能也更加简单，在宏观上使用了抽象思维模式，易于项目高弹性地可持续性开发。

5.4 Web 3.0

Web 3.0 是结合了去中心化和代币经济学等概念，基于区块链技术的全新的互联网迭代方向，意在解决 Web 2.0 带来的生态不平衡、发展不透明等问题。

用户选择三方登录的方式登录网站，这种登录方式虽然节约了用户的时间，但登录信息会被第三方平台记录。也就是说，我们用平台账号做了什么，平台都会一目了然，甚至还会对我们的行为进行分析、画像。那么有没有一种登录方式，它的所有信息都只保存在客户端和后端，并不牵扯三方平台授权，最大化保护用户隐私呢？Web 3.0 给我们提供了一种选择：MetaMask。

5.4.1 MetaMask

MetaMask 是用于与以太坊区块链进行交互的软件加密货币钱包。MetaMask 允许用户通过浏览器插件或移动应用程序访问其以太坊钱包，然后使用这些扩展程序与去中心化应用程序进行交互。

首先需要拥有一个 MetaMask 钱包，进入 https://chrome.google.com/webstore/detail/metamask/nkbihfbeogaeaoehlefnkodbefgpgknn 后，安装 metamask 浏览器插件，如图 5-8 所示。

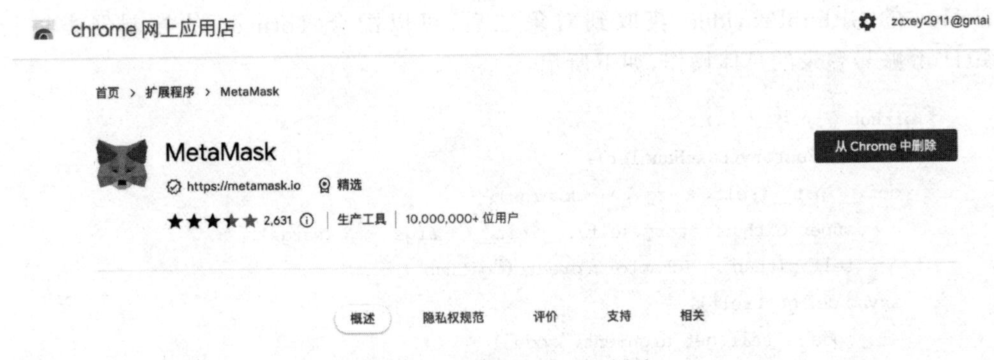

图 5-8 安装 MetaMask 插件

随后点开插件，创建账号，记录密码、钱包地址以及助记词等信息。安装好插件之后，我们就可以利用这个插件和网站应用做交互了。

5.4.2 钱包登录

与三方登录不同，钱包登录是先在前端通过 Web3.js 浏览器插件中保存的私钥对钱包地址进行签名操作，随后将签名和钱包地址发送到后端，后端利用 web3 库以及同样的算法进行验签操作。如果验签通过，则将钱包信息存入 token，并且返回给前端。整个流程并没有第三方平台的跳转操作，如图 5-9 所示。

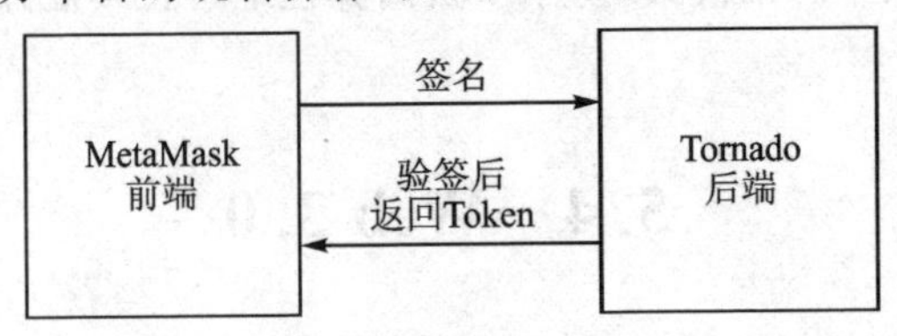

图 5-9 钱包登录逻辑

如果想在前端激活钱包插件，需要下载前端的 Web 3.0 操作库（操作库网址 https://docs.ethers.io/v4/），随后集成到登录页面中，修改 templates 目录下的 sign_in.html 文件，如下所示：

```
< script src = "{{ static_url("js/ethers - v4.min.js") }}" > </script >
< script src = "{{ static_url("js/axios.js") }}" > </script >
< script src = "{{ static_url("js/vue.js") }}" > </script >
```

然后声明登录激活方法，如下所示：

```
sign_w3:function(){
    that = this;
    ethereum.enable().then(function () {

        this.provider = new ethers.providers.Web3Provider(web3.currentProvider);

        this.provider.getNetwork().then(function (result) {
            if (result['chainId'] != 1) {

                console.log("Switch to Mainnet!")

        } else { // okay, confirmed we're on mainnet

            this.provider.listAccounts().then(function (result) {
                console.log(result);
                this.accountAddress = result[0]; // figure out the user's Eth address
                this.provider.getBalance(String(result[0])).then(function (balance) {
                    var myBalance = (balance / ethers.constants.WeiPerEther).toFixed(4);
                    console.log("Your Balance: " + myBalance);
                });

                // get a signer object so we can do things that need signing
                this.signer = provider.getSigner();

                var rightnow = (Date.now()/1000).toFixed(0)
                var sortanow = rightnow - (rightnow % 600)

                this.signer.signMessage("Signing in to " + document.domain + " at " +
sortanow, accountAddress, "test password!").then((signature) = {
                    that.handleAuth(accountAddress,signature);
                });

                console.log(this.signer);
                })
```

```
            }
        })
    })
                },
```

这里通过使用 signMessage 方法返回签名,加签过程中使用基于时间戳的随机数防止未签名。当前端签名生成好之后,立刻异步请求后台接口,如下所示:

```
handleAuth:function(accountAddress, signature){
    this.myaxios("/checkw3/","post",{"public_address":accountAddress,"signature":
signature}).then(data =>{

            if(data.errcode==0){
                alert("欢迎:"+data.public_address);
                localStorage.setItem("token",data.token);
                localStorage.setItem("email",data.public_address);
                window.location.href = "/";
            }else{
                alert("验证失败");
            }
    });
}
```

这里会将钱包地址和签名两个参数传递给后端,由后端进行验证操作。

后端需要使用 web3 库进行验签操作。首先安装依赖,如下所示:

```
pip3 install web3==5.29.1
```

随后修改 app 目录下 user.py 文件,添加验签逻辑,如下所示:

```
from web3.auto import w3
from eth_account.messages import defunct_hash_message
import time

class CheckW3(BaseHandler):

    async def post(self):

        public_address = self.get_argument("public_address")
        signature = self.get_argument("signature")

        domain = self.request.host
        if ":" in domain:
            domain = domain[0:domain.index(":")]
```

```
        now = int(time.time())
        sortanow = now - now % 600

        original_message = 'Signing in to {} at {}'.format(domain,sortanow)
        print("[+] checking: " + original_message)
        message_hash = defunct_hash_message(text = original_message)
        signer = w3.eth.account.recoverHash(message_hash, signature = signature)

        if signer == public_address:
            try:
                user = await self.application.objects.get(User,email = public_address)
            except Exception as e:
                print(str(e))
                user = await self.application.objects.create(User,email = public_address,password = create_password("third"),role = 1)

            myjwt = MyJwt()
            token = myjwt.encode({"id":user.id})
            self.finish({"msg":"ok","errcode":0,"public_address":public_address,"token":token})
        else:
            self.finish({"msg":"could not authenticate signature","errcode":1})
```

这里使用 recoverHash 方法对签名进行反编译操作，如果反编译后的钱包地址和前端传过来的钱包地址吻合，那么说明当前账户的身份验证通过，如图 5－10 所示。

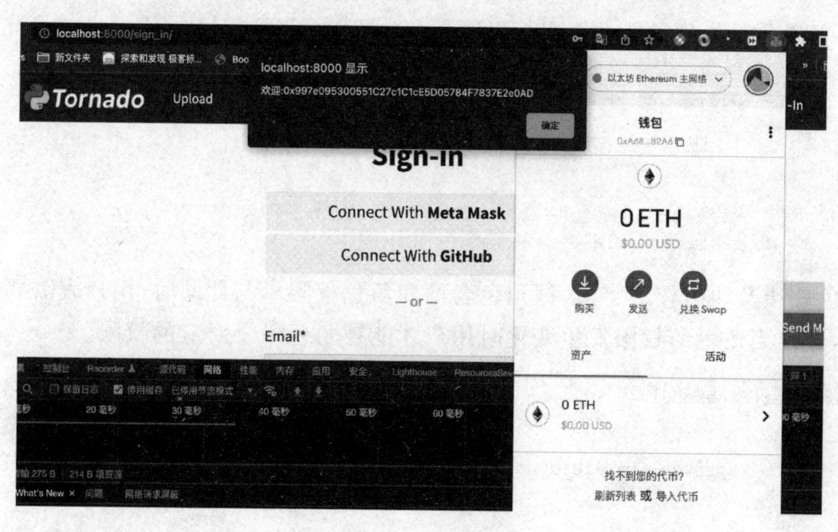

图 5－10　钱包登录验证

当验签通过之后，利用钱包地址在后台创建账号，随后将钱包地址、token 等信息返回给前端，前端将其保存在 LocalStroage 中即可。至此，集成 Web 3.0 钱包登录逻辑就完成了。

5.5 用户权限

无论是什么系统,用户权限始终都是绕不开的话题。而对于后台产品而言,是需要系统内部人员去创建账号的。每个使用系统的用户都有一个独一无二的账号,每个账号都有自己对应的权限。大多数情况下,除了超级管理员外,我们会对大多数账号的权限做一些限制,以此来管理不同用户的使用权限问题。

这里我们使用基于角色的权限设计,通过对权限集的抽象,创立角色,通过修改角色的权限,控制拥有该角色的人员账号的权限。其基本原理是,对系统操作的各种权限不是直接授予具体的用户,而是在用户集合与权限集合之间建立一个角色集合。每一种角色对应一组相应的权限。一旦用户被分配了适当的角色后,该用户就拥有了此角色的所有操作权限。这样设计的优点是,不必在每次创建用户时都进行分配权限的操作,只要分配用户相应的角色即可,而且角色的权限变更比用户的权限变更要少很多操作,这样将简化用户的权限管理,减少系统的开销。

5.5.1 数据模型

首先,需要设计角色表的数据模型,编写 models. py 文件,如下所示:

```
class Role(BaseModel):

    role_name = peewee.CharField(unique = True,verbose_name = '角色名称', help_text = '角色
名称')
    auth = peewee.IntegerField(default = 0,verbose_name = '角色权限', help_text = '角色
权限')

    class Meta:
        db_table = "role"
```

角色表涉及两个核心字段,即角色名称和角色权限。与此同时,用户表需要从属于角色表,这样当角色的权限发生变化时用户才能被角色赋予对应的权限。

```
class User(BaseModel):

    email = peewee.CharField(unique = True,verbose_name = '邮箱', help_text = '邮箱')

    password = peewee.CharField(verbose_name = '密码', help_text = '密码')

    role = ForeignKeyField(Role, backref = 'roles')
```

```
    state = peewee.IntegerField(default = 0,verbose_name = '状态', help_text = '0 待激活 1 已激活 2 已注销')

    class Meta:
        db_table = "user"
```

这里我们将用户表原始的角色字段改成外键字段(ForeignKeyField),随后通过backref属性指定反查字段,如此用户表和角色表就产生了关联性;然后我们通过迁移脚本物理删除用户表,再重新建立角色表和用户表,如下所示:

```
if __name__ == "__main__":

    User.drop_table(True)
    Role.create_table(True)
    User.create_table(True)
```

随后,对应之前的用户表角色,向角色表添加数据,如下所示:

```
if __name__ == "__main__":

    Role.create(role_name = "老师")
    Role.create(role_name = "学生")
    Role.create(role_name = "后台管理")
    Role.create(role_name = "客服")
```

数据建立好以后,我们就可以将当前已登录用户的角色展示出来。下面我们打印当前用户的查询对象:

```
user = await self.application.objects.get(
    User,
    id = 1
)
print(json_model(user))
```

结果返回:

```
{'id':1,'create_time':datetime.datetime(2022,5,9,9,53,48),'update_time': datetime.datetime(2022,5,9,9,53,48),'email':'123', 'password':'a665a45920422f9d417e4867efdc4fb8a04a1f3fff1fa07e998e86f7f7a27ae3', 'role': {'id': 1, 'create_time': datetime.datetime(2022, 5, 9, 9, 34, 38), 'update_time': datetime.datetime(2022, 5, 9, 9, 34, 38), 'role_name': '老师', 'auth': 0}, 'state': 0}
```

可以看到,更新了数据模型之后,当前用户的查询结果增加了角色属性。接着我们编写user.py文件,增加用户详情接口,如下所示:

```
#用户详情
from utils.decorators import jwt_async
```

```
class UserInfo(BaseHandler):

    @jwt_async()
    async def get(self):

        if self._current_user:
            user = self._current_user
            self.finish({"uid":user.id,"email":user.email,"role_name":user.role.role_
name})
        else:
            self.finish({"msg":"未登录","errcode":0})
```

该接口用来返回具体用户信息以及新增的角色信息给前端。这里使用 5.2.5 小节中认证装饰器所提供的 self._current_user 对象,增加了代码的重用性。

5.5.2 权限控制

所谓权限控制,就是规定当前登录用户可以做什么,不可以做什么,这里我们使用位运算来进行控制。基于位运算的权限管理,其运算对象是二进制数,优点是运算速度快,效率高,节省存储空间,对权限控制相对灵活。

位计算可以直接对整数在内存中的二进制位进行操作。举个例子,2 的二进制是 0b10,3 的二进制是 0b11,直接进行与运算,即"2&3",相当于二进制的与运算"0b10&0b11"。逐位进行与运算,运算结果为 0b10,转化为十进制是 2,因此运算结果 2&3=2。我们只需将对位的十进制整型存储到角色表的整型字段 auth 中,再通过位与运算来判断是否具备权限即可。对于后台权限,我们需要控制的权限类型有 4 个,分别是增加(1000/8)、删除(0100/4)、修改(0010/2)以及查询(0001/1),而不具备后台权限的普通用户权限则直接为 0。

理解了概念,接着实现逻辑。修改 utils 目录中的 decorators.py 文件,增加一个权限过滤装饰器,如下所示:

```
def auth(func):
    '''
动态权限装饰器:根据用户所属角色的权限 auth,判断对应的路由是否有权限查看、新增、修改、
删除
    '''
    @wraps(func)
    async def wrapper(self, *args, **kwargs):
        user = self._current_user
        if user.role.auth == 0:
            return self.finish({"msg": "无权限,禁止访问。", "errcode": 1, "data": {}})

        if self.request.method == 'GET' and not user.role.auth & 1:
```

```
            return self.finish({"msg": "无查看权限,禁止访问。", "errcode": 2, "data": {}})

        if self.request.method == 'POST' and not user.role.auth & 8:
            return self.finish({"msg": "无新增权限,禁止访问。", "errcode": 2, "data": {}})

        if self.request.method == 'PUT' and not user.role.auth & 2:
            return self.finish({"msg": "无修改权限,禁止访问。", "errcode": 2, "data": {}})

        if self.request.method == 'DELETE' and not user.role.auth & 4:
            return self.finish({"msg": "无删除权限,禁止访问。", "errcode": 2, "data": {}})

        await func(self, *args, **kwargs)
    return wrapper
```

依据Restful风格,增、删、改、查操作对应HTTP请求中的POST、DELETE、PUT以及GET,装饰器只需将5.4.1小节中获取到的用户角色权限和现有操作的属性进行位运算比对即可。

如果后台接口需要进行权限判断,只需将该装饰器装到接口方法上即可,如下所示:

```
#用户详情
class UserInfo(BaseHandler):

    @jwt_async()
    @auth_validated
    async def get(self):

        if self._current_user:
            user = self._current_user
            self.finish({"uid":user.id,"email":user.email,"role_name":user.role.role_
name})
        else:
            self.finish({"msg":"未登录","errcode":1})
```

以5.4.1小节中的用户详情接口为例,该接口的请求方式为GET,对应二进制数为0001,转换为十进制数是1。如果当前用户的权限对1做位与操作没有返回0,那么说明当前用户具备此接口权限;反之,则被拦截。

5.5.3 后台管理

权限控制装饰器开发完毕之后,我们需要一个后台页面来管理用户信息。首先在app目录的user.py文件中添加用户管理接口,如下所示:

```
#用户管理
```

```
class UserManage(BaseHandler):

    #查询
    @jwt_async()
    @auth_validated
    async def get(self):

        users = await self.application.objects.execute(User.select())
        users = [self.application.json_model(x) for x in users]

        self.finish({"data":users,"errcode":0})

    #修改
    @jwt_async()
    @auth_validated
    async def put(self):

        id = self.get_argument("id")
        email = self.get_argument("email")

        user = await self.application.objects.get(User,id = id)
        user.email = email
        await self.application.objects.update(user)
        user.save()

        self.finish({"msg":"ok","errcode":0})

    #添加
    @jwt_async()
    @auth_validated
    async def post(self):

        email = self.get_argument("email")
        password = self.get_argument("password")
        role = self.get_argument("role")

        user = await self.application.objects.create(User,email = email,password = cre-
ate_password(password),role = int(role))
```

```
        self.finish({"msg":"ok","errcode":0})

    #删除
    @jwt_async()
    @auth_validated
    async def delete(self):

        id = self.get_argument("id")

        user = await self.application.objects.get(User,id = id)
        user.state = 0
        await self.application.objects.update(user)
        user.save()

        self.finish({"msg":"ok","errcode":0})
```

随后,在 templates 目录添加用户管理页面 admin_user.html,如下所示:

```
< div >

    {% include "head.html" %}

    < div id = "app"  class = "container main - content" >

        < div class = "row" style = "border:0px;padding - bottom:5rem;" >
                < div class = "col - md - 12 col - lg - 3" style = "background - color: #
f0f0f0;border: 1px solid rgba(0, 0, 0, .125);
            border - radius: 0.25rem;padding:2rem" >
                < ul style = "line - height:3rem;" >

                    < li >用户管理</li >

                    < li >课程管理</li >

                </ul >
            </div >

            < div class = "col - 12 col - lg - 9" >

                < div style = "border: 1px solid rgba(0, 0, 0, .125);
                border - radius: 0.25rem;padding:2rem;" >
```

```
                    < table class = "qgg - table" >
    < thead >
    < tr >
    < th width = "33 % " > 邮箱 < /th >
    < th width = "25 % " > 角色 < /th >
    < th width = "25 % " > 操作 < /th >
    < /tr >
    < /thead >
    < tbody >
            < tr v - for = "item in users" >
                < td > ${item.email} < /td > < td > ${item.role.role_name} < /td > < td >
< button > 修改 < /button > < button > 删除 < /button > < /td >
            < /tr >

            < /tbody >
    < /table >
                < /div >


                < /div >




            < /div >
```

这里通过 v-for 标签将后台获取到的用户列表进行遍历操作，随后通过 axios 向后端发起异步请求，如下所示：

```
created: function() {

    this.myaxios("/admin/user/","get").then(data = > {

        if(data.errcode){

            alert(data.msg);

        }else{
            this.users = data.data;
        }

    });
},
```

之后访问后台管理页面(http://localhost:8000/admin_user/),如图 5-11 所示。

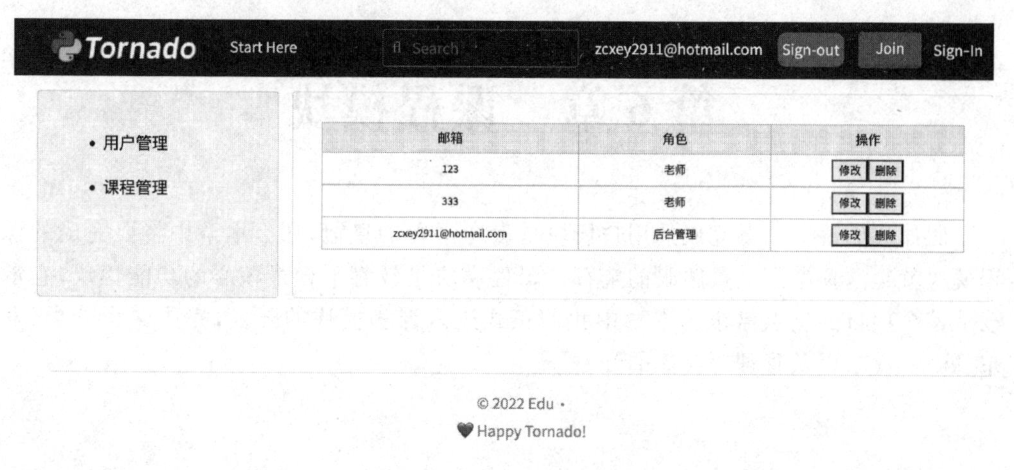

图 5-11 用户后台管理

至此,我们就完成了后台管理的开发,系统会根据当前用户的权限来判断操作的合法性。

5.6 本章总结

本章完成了用户模块的基本功能,包括注册、登录以及用户认证相关的逻辑;对于三方登录,也使用了工厂类这种设计模式进行封装。除此之外,关于用户权限的设计,只采用了其中一种实现方式,我们也可以尝试其他方式。如果说教育平台项目是一座大厦,那么用户模块无疑就是最重要的基石,几乎所有模块都会和用户模块挂钩,下一章,我们将进入课程模块的开发。

第6章　课程模块

假如我们说上一章完成的用户模块是教育平台的皇冠，那么本章中将要完成的课程模块就是这顶皇冠上最耀眼的宝石。课程模块是教育平台最核心的功能模块，它承载了整个项目的痛点需求。本章中我们正式进入课程模块的开发，完成课程分类、发布、展示、检索以及管理等功能的开发。

6.1　课程分类

课程分类就是按照种类、等级或者其他属性对课程分别归类。同时，分类可以把杂乱的课程变得规整，把凌乱的信息按照某些维度划分，使课程更加清晰，也更方便用户针对课程进行查询和检索。

6.1.1　数据模型

首先，需要设计课程分类表的数据模型。编写 models. py 文件，如下所示：

```
#课程分类
class Category(BaseModel):

    name = peewee.CharField(unique=True,verbose_name='分类名称', help_text='分类名称')
    pid = peewee.IntegerField(default=0,verbose_name='父类 id', help_text='父类 id')

    class Meta:
        db_table = "category"
```

这里需要两个核心字段，分别是：课程分类名称和课程分类父 id，针对在线课程的特点，采用无限级分类的机制。为什么采用无限级分类？因为课程本身是繁杂的，课程的多级分类很可能需要频繁地变更，而无限级分类的树状结构也更加便于维护和扩展，如下所示：

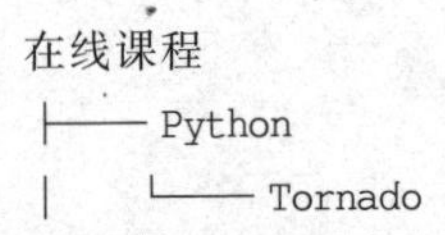

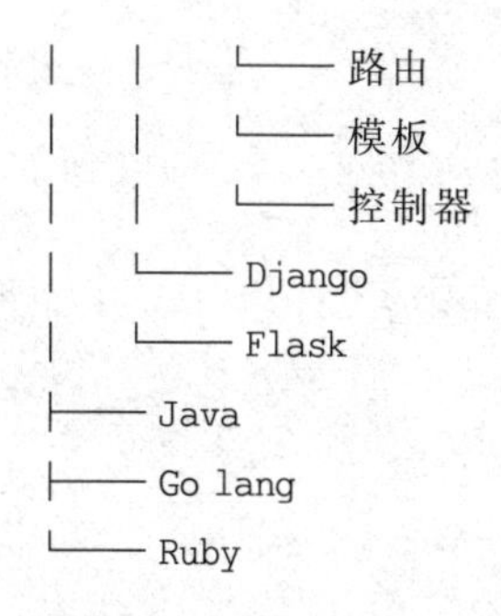

每个分类都有自己的父类 id,顶级分类的父 id 为 0。通过父类 id,我们可以使用算法很方便地向上溯源或者向下遍历,并通过接口层级结构数据返回至前端。

运行迁移命令建立课程分类表并且添加数据,如下所示:

```
Category.create_table(True)
Category.create(name = "Python")
Category.create(name = "Java")
Category.create(name = "Go lang")
Category.create(name = "Tornado",pid = 1)
Category.create(name = "Django",pid = 2)
Category.create(name = "template",pid = 5)
```

至此,课程分类表就建立好了。

6.1.2 递归算法

正常情况下,当我们面对多级的层级结构时,首先想到的可能是迭代。迭代是一种基于循环的算法设计方法,它使用循环结构来重复执行一段代码,直到满足特定条件为止。在迭代中,问题的解决是通过多次迭代更新状态来逐步得到的。迭代算法通常使用循环控制结构(如 for 循环或 while 循环)来反复执行一段代码,直到达到预期的结果。迭代算法通常具有明确的起始点和终止条件,每一次迭代都在原问题的基础上进行更新,直到满足终止条件。

而在递归算法中,函数会调用自身来解决这些子问题,直到达到基本情况(即不再需要进一步递归的情况),然后逐步返回结果,最终解决原始问题。

可以将递归算法类比为盒子里套盒子的过程。当我们遇到一个问题时,我们打开一个盒子,里面可能包含一个或多个与原问题类似但规模更小的子问题;我们继续打开子问题的盒子,直到最后打开的盒子里没有更小的子问题。我们从最里面的盒子开始逐步解决问题,然后将结果返回给上一层盒子,依次返回到最外层的盒子,最终解决原始问题。

对于无限级分类这样的需求,递归算法是最简单也最直观的解决方案,实现思路也相对简单,递归遍历结果数据,根据每条数据的 id 值去寻找所有 pid 值等于自己 id 值的数据,直到找不到为止。编写 utlis.py 文件,添加新的分类树逻辑方法,如下所示:

```
def get_tree(data):
    lists = []
    tree = {}
    for item in data:
        tree[item['id']] = item
    for i in data:
        if not i['pid']:
            lists.append(tree[i['id']])
        else:
            parent_id = i['pid']
            if "children" not in tree[parent_id]:
                tree[parent_id]["children"] = []
            tree[parent_id]['children'].append(tree[i['id']])

    return lists
```

因为 Mysql 数据库中只存储 pid 作为标识,并没有形式上的父子层级关系,所以首先我们需要将数据转换为直观的父子关系。这里使用引用算法,就是将赋值直接指向内存中存储这个值的区域,而不是开辟一块新空间去接收数据的副本。所以,在父子级别关系中,引用赋值直接将父元素中的 children,直接指向了子元素的那片存储区,而并非只是存了值。每一个父元素都将 children 指向对应子元素的存储区,则意味着在内存里已经连接形成了一个树形的结构,而且由于所有父元素里的 children 都是指向子元素的内存区,所以输出列表中的父子关系和内存里的数据关系树基本上是一致的。

随后,在 app 目录上建立 course. py 文件,并调用上述方法,如下所示:

```
from utils.decorators import get_tree


class CourseUploadHandler(BaseHandler):

    #课程发布页面
    async def get(self):

        #异步读取文章
        cates = await self.application.objects.execute(Category.select())
        #序列化操作
        cates = [self.application.json_model(x) for x in cates]
        cate_tree = get_tree(cates)
        print(cate_tree)

        self.render("course_upload.html")
```

方法返回数据,如下所示:

[{'id': 1, 'create_time': datetime.datetime(2022, 5, 10, 12, 41, 11),'update_time': datetime.datetime(2022, 5, 10, 12, 41, 11), 'name': 'Python', 'pid': 0, 'children': [{'id': 4, 'create_time': datetime.datetime(2022, 5, 10, 12, 41, 11), 'update_time': datetime.datetime(2022, 5, 10, 12, 41, 11), 'name': 'Tornado', 'pid': 1}]}, {'id': 2, 'create_time': datetime.datetime(2022, 5, 10, 12, 41, 11), 'update_time': datetime.datetime(2022, 5, 10, 12, 41, 11), 'name': 'Java', 'pid': 0, 'children': [{'id': 5, 'create_time': datetime.datetime(2022, 5, 10, 12, 41, 11), 'update_time': datetime.datetime(2022, 5, 10, 12, 41, 11), 'name': 'Django', 'pid': 2, 'children': [{'id': 6, 'create_time': datetime.datetime(2022, 5, 10, 12, 41, 11), 'update_time': datetime.datetime(2022, 5, 10, 12, 41, 11), 'name': 'template', 'pid': 5}]}]}, {'id': 3, 'create_time': datetime.datetime(2022, 5, 10, 12, 41, 11), 'update_time': datetime.datetime(2022, 5, 10, 12, 41, 11), 'name': 'Go lang', 'pid': 0}]

可以看到，原本平级的数据在经过引用算法之后就转换为层级结构，子级都通过 children 关键字的形式存储到父级的元素中。

接着，我们再将层级结构转换为前端可用的表单控件——下拉列表，让用户能够更加直观地使用。编写 utlis. py 文件，添加转换为下拉列表的方法，如下所示：

```
#转换表单
def toSelect(arr,depth = 0):
    html = ''
    for v in arr:
        html += ' < option value = "' + str(v['id']) + '" > '
        for i in range(depth):
            html += '--'
        html += v['name'] + ' < /option > '

        if 'children' in v:
            html += toSelect(v['children'],depth + 1)

    return html
```

这里的逻辑是在层级结构中递归遍历，将子级的名称通过横线“-”进行向后偏移操作，直至子级递归的最后一层。

继续编写 course. py 文件，添加转换逻辑，如下所示：

```
class CourseUploadHandler(BaseHandler):

    #课程发布页面
    async def get(self):

        #异步读取文章
        cates = await self.application.objects.execute(Category.select())
        #序列化操作
        cates = [self.application.json_model(x) for x in cates]
```

```
        cate_tree = get_tree(cates)

        select = toSelect(cate_tree)

        print(select)

        self.render("course_upload.html")
```

接口返回值,如下所示:

```
< option value = "1" > Python < /option > < option value = "4" > -- Tornado < /option >
< option value = "2" > Java < /option > < option value = "5" > -- Django < /option > < option
value = "6" > ---- template < /option > < option value = "3" > Go lang < /option >
```

至此,课程分类就已经转换为可用的 Html 表单控件下拉列表了。

6.1.3 分类展示

现在我们需要将后台已经转换好的分类表单在前端展示。在 templates 目录上新建 course_upload.html 页面,如下所示:

```
< ! DOCTYPE html >
< html lang = "en" >

< head >
    < meta charset = "utf - 8" >
    < title > Edu < /title >
    < meta name = "viewport" content = "width = device - width, initial - scale = 1, shrink -
to - fit = no, viewport - fit = cover" >
    < link rel = "stylesheet" href = "{{ static_url("css/min.css") }}" >
    < script src = "{{ static_url("js/axios.js") }}" > < /script >
    < script src = "{{ static_url("js/vue.js") }}" > < /script >
< /head >

< body >
    < div >

    {% include "head.html" %}

    < div id = "app"  class = "container main - content" >

< div class = "row justify - content - center" >
< div class = "col - md - 10 col - lg - 8 article" >
< div class = "article - body page - body mx - auto" style = "max - width: 400px;" >
```

```
< h1 class = "text - center mb - 4" > Course Upload < /h1 >

< div class = "form - group" >
< div id = "div_id_login" class = "form - group" >
< label for = "id_login" class = " requiredField" >
Category < span class = "asteriskField" > * < /span >
< /label >
< div class = "" >

< /div >
< /div >
< /div >

< div class = "text - center" >
< button  class = "btn btn - primary btn - lg text - wrap px - 5 mt - 2 w - 100" name = "jsSub-
mitButton" @click = "sign_on" > Create < /button >
< /div >

< /div >
< /div >
< /div >
```

该页面可以将课程发布出去，但是在发布之前，用户需要先选择课程分类，如图 6 - 1 所示。

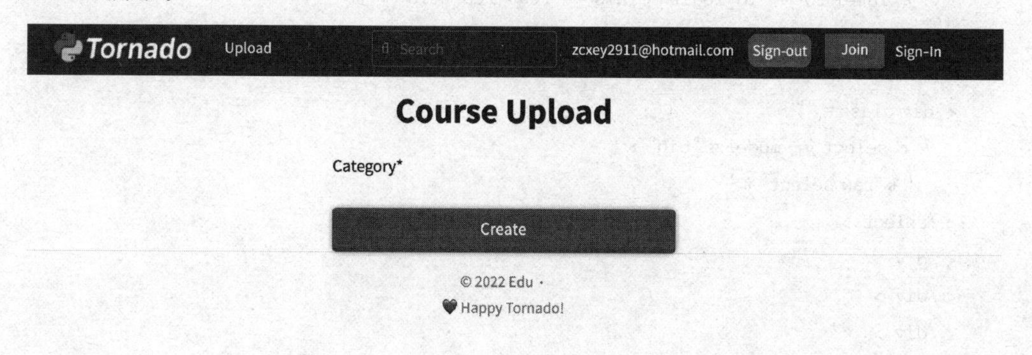

图 6 - 1　发布页面

接着，使用 Tornado 的模板语法{% raw select %}将后台变量传递给前端，并且使用 Vue. js 的数据双向绑定机制进行绑定操作，如下所示：

```
< ! DOCTYPE html >
< html lang = "en" >

< head >
    < meta charset = "utf - 8" >
    < title > Edu < /title >
```

```
        < meta name = "viewport" content = "width = device - width, initial - scale = 1, shrink -
to - fit = no, viewport - fit = cover" >
        < link rel = "stylesheet" href = "{{ static_url("css/min.css") }}" >
        < script src = "{{ static_url("js/axios.js") }}" > < /script >
        < script src = "{{ static_url("js/vue.js") }}" > < /script >
    < /head >

    < body >
        < div >

        {% include "head.html" %}

        < div id = "app"   class = "container main - content" >

        < div class = "row justify - content - center" >
        < div class = "col - md - 10 col - lg - 8 article" >
        < div class = "article - body page - body mx - auto" style = "max - width: 400px;" >
        < h1 class = "text - center mb - 4" > Course Upload < /h1 >

        < div class = "form - group" >
        < div id = "div_id_login" class = "form - group" >
        < label for = "id_login" class = " requiredField" >
    Category < span class = "asteriskField" > * < /span >
    < /label >
    < div class = "" >
        < select v - model = "cid" >
        {% raw select %}
    < /select >
    < /div >
    < /div >
    < /div >

    < div class = "text - center" >
    < button   class = "btn btn - primary btn - lg text - wrap px - 5 mt - 2 w - 100" name = "jsSub-
mitButton" @click = "sign_on" > Create < /button >
    < /div >

    < /div >
    < /div >
    < /div >

        < /div >
```

```
    {% include "foot.html" %}

    </div>

    <script>

        const App = {
            data() {
                return {
                    cid:1
                };
            },
            created: function() {

            },
            methods: {
            },

            },
        };
    const app = Vue.createApp(App);
    app.config.globalProperties.myaxios = myaxios;
    app.config.globalProperties.axios = axios;
    app.config.compilerOptions.delimiters = ['${', '}']
    app.mount("#app");

    </script>
```

下拉列表表单 select 通过 cid 变量进行了绑定，并且通过后端的 raw 方法进行转义操作，成为了 Html 实体，展示在发布页面中，如图 6－2 所示。

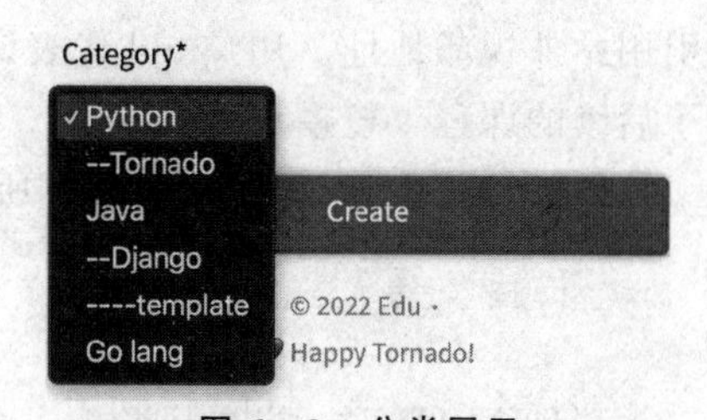

图 6－2　分类展示

至此，课程分类的开发就完成了。

6.2　课程发布

有了课程分类，下一步就需要开始课程本体的开发。课程本体和课程分类的关系就好像是用户和角色之间的关系，也是从属关系。

6.2.1 数据模型

首先,建立课程的数据模型。编写 models.py 文件,如下所示:

```
#课程
class Course(BaseModel):

    title = peewee.CharField(unique=True,verbose_name='课程标题', help_text='课程标题')
    desc = peewee.TextField(default='',verbose_name='课程描述', help_text='课程描述')
    cid = peewee.ForeignKeyField(Category, backref='courses')
    price = peewee.BigIntegerField(default=0,verbose_name='课程价格', help_text='课程价格')
    thumb = peewee.CharField(verbose_name='缩略图', help_text='缩略图')
    video = peewee.CharField(verbose_name='课程视频', help_text='课程视频')
vtype = peewee.IntegerField(default=1,verbose_name='视频类型', help_text='视频类型 1 站内 2 站外')
audit = peewee.IntegerField(default=0,verbose_name='审核员 id', help_text='审核员 id')
state = peewee.IntegerField(default=0,verbose_name='课程状态', help_text='课程状态')

    class Meta:
        db_table = "course"
```

课程应具有课程标题和课程描述字段,课程分类字段外键映射到课程分类表,课程价格可以使用长整型的数据类型,默认为 0 即免费课程。除此之外,还应该具备缩略图及视频地址的字段。视频地址通过视频分类字段控制,方便用户选择自己上传视频还是引用站外视频地址。用户 uid 代表课程的发布者。审核员 id 以及课程状态字段则是为了后续的课程审核模块做准备。

执行迁移脚本建立课程表,如下所示:

```
if __name__ == "__main__":

    Course.create_table(True)
```

至此,课程数据模型就完成了。

6.2.2 文件上传

课程的数据模型完成以后,我们不必急于完成课程的创建接口,而是需要先完成文件上传接口,但传统的上传方式是同步的。在上传相对体积大的文件时会发生阻塞现象。这里使用 aiofiles 模块并配合 Tornado 的异步特性进行异步上传操作。首先安装

aiofiles 模块，如下所示：

```
pip install aiofiles
```

随后，在配置文件 config.py 中添加支持上传的文件类型和文件体积限制，如下所示：

```
#文件类型与文件体积
FILE_CHECK = ['png', 'jpg', 'jpeg', 'gif', 'bmp', 'mp4', 'mkv']
FILE_SIZE = 1024 * 1024 * 64
```

这里只允许 64 MB 以内的图片以及视频文件上传。

文件上传过程中，需要对文件名进行唯一性重命名的操作，防止文件重名而出现覆盖现象。这里使用 uuid 库，编写 course.py 文件，添加文件上传逻辑，如下所示：

```
#文件上传
class UploadHandler(BaseHandler):
    @jwt_async()
    async def post(self):

        back_file = ""

        file = self.request.files['file']

        for key in file:

            new_file_name = ''.join(str(uuid.uuid1()).split('-'))
            file_name = key['filename']
            file_size = len(key['body'])
            file_content = key['body']
            check_name = file_name.split('.')[-1]

            if check_name.lower() not in FILE_CHECK:
                self.finish({"msg":"不是规定的文件类型","errcode":2})
            if file_size > FILE_SIZE:
                self.finish({"msg":"文件过大","errcode":2})
            save_file_name = new_file_name + '.' + check_name
            back_file = save_file_name

            async with aiofiles.open("./static/uploads/" + save_file_name, 'wb') as f:
                await f.write(file_content)

        self.finish({"msg":"ok","errcode":0,"file":back_file})
```

异步上传文件之后，会将上传好的文件名返回给前端进行渲染。

6.2.3 分片上传

分片上传并非新的概念,尤其是大文件传输的处理中经常会被使用。分片的原则就是化整为零,将大文件进行切分处理,切割成若干小文件,随后为每个分片创建一个新的临时文件来保存其内容。待全部分片上传完毕后,后端再按顺序读取所有临时文件的内容,将数据写入新文件中,最后将临时文件再删掉。

编写 course.py 文件,添加分片上传逻辑,如下所示:

```
#分片上传
class SliceUploadHandler(BaseHandler):

    async def post(self):

        file = self.request.files['file']
        task = self.get_argument("identifier")
        chunk = self.get_argument("chunkNumber")

        filename = '%s%s' % (task,chunk)        #构成该分片唯一标识符
        contents = await file.read()            #异步读取文件
        async with aiofiles.open('./static/uploads/%s' % filename, "wb") as f:
            await f.write(contents)

        return {"filename": file.filename,"errcode":0}
```

前端发起上传请求时,通过分片大小的阈值对文件进行切割,并且记录每一片文件的切割顺序。在这个过程中,通过加密算法来计算文件的唯一标识,防止多个文件同时上传的覆盖问题。在每一次分片文件的上传中,会将分片文件实体、切割顺序以及唯一标识异步发送到后端 Tornado 接口,后端将顺序参数和唯一标识结合在一起作为临时文件写入服务器磁盘中。当前端将所有的分片文件都发送完毕后,最后请求一次后端另外一个合并接口,后端将所有文件合并。

接着编写 course.py 文件,添加分片合并逻辑,如下所示:

```
#分片合并
class MergeUploadHandler(BaseHandler):

    async def post(self):

        filename = self.get_argument("filename")
        task = self.get_argument("identifier")

        target_filename = filename      #获取上传文件的文件名
        task = identifier               #获取文件的唯一标识符
```

```
chunk = 1                          #分片序号
with open('./static/uploads/%s' % target_filename, 'wb') as target_file:
                                                              #创建新文件
    while True:
        try:
            filename = './static/uploads/%s%d' % (task,chunk)
            #按序打开每个分片
            source_file = open(filename, 'rb')
            #读取分片内容写入新文件
            target_file.write(source_file.read())
            source_file.close()
        except IOError:
            break
        chunk += 1
        os.remove(filename)

self.finish({"msg":"ok","errcode":0})
```

注意，后端读文件一定是同步形式进行读取。因为切割的文件分片是有顺序的，如果异步读取，乱序会导致文件实体结构混乱的情况。至此，分片上传功能就完成了。

6.2.4 发布接口

完成了文件上传接口，紧接着是开发课程发布接口。具体流程是，当用户上传缩略图和课程视频之后，将文件名返回给前端，前端将其和其他课程字段一起请求发布接口，进行联合发布动作。

编写 course.py 文件，添加课程发布逻辑，如下所示：

```
#文件上传
class CourseHandler(BaseHandler):
    @jwt_async()
    async def post(self):

        data = self.request.body.decode('utf-8') if self.request.body else "{}"
        data = json.loads(data)
        data["uid"] = self._current_user.id
    try:
        await self.application.objects.create(Course, **data)
        self.finish({"msg":"发布成功","errcode":0})
    except Exception as e:
        self.finish({"msg":"未知错误","errcode":1})
```

不同于之前的接口，这里使用反序列化逻辑，参数直接从请求体中获取，随后进行反序列化操作转换为可用数据类型，利用 peewee 的不定长参数的传参方式直接入库。

编写 tests. py 文件进行接口测试,如下所示:

```
import requests
import json


if __name__ == "__main__":

    files = {'file': ('test.mp4', open('/Users/liuyue/Downloads/test.mp4', 'rb'))}

    #注册测试
    data = {'title':"Python News: What's New From April 2022",'desc':'Combining Data in Pandas With merge(), .join(), and concat()',"cid":1,"thumb":"A-Guide-to-Python-Keywords_Watermarked.73f8f57a93ed.jpeg","video":"<iframe src=\"https://player.bilibili.com/player.html?aid=251955199&bvid=BV13Y411s79j&cid=447815214&page=1\" allowfullscreen=\"allowfullscreen\" width=\"100%\" height=\"500\" scrolling=\"no\" frameborder=\"0\" sandbox=\"allow-top-navigation allow-same-origin allow-forms allow-scripts\"></iframe>","vtype":2}
    headers = {'Content-Type': 'application/json'}
    r = requests.post("http://127.0.0.1:8000/course/",data = json.dumps(data),headers = headers)
    print(r.text)
```

需要注意,如果后端使用的是反序列化入库逻辑,前端请求参数必须为 json 格式,所以需要声明头部信息为 application/json。

事实上,暴露给前端的接口也需要权限的验证。除了必要的登录认证以外,还需要对用户角色对应的接口权限进行认证操作,比如教师端可以发布课程,但是学生端就不能。编写 decorators. py 文件,添加前端接口权限验证逻辑,如下所示:

```
def role_validated(func):

    @wraps(func)
    async def wrapper(self, *args, **kwargs):
        user = self._current_user

        if(user.role.id != 1 and self.request.method == 'POST' and self.request.uri == "/course/"):
            return self.finish({"msg": "无发布权限", "errcode": 2, "data": {}})

        await func(self, *args, **kwargs)
    return wrapper
```

这里通过 Tornado 内置的 self. request. uri 来判断当前接口的地址路由。到此,完成了发布接口的开发。

6.2.5 发布页面

完成了发布接口，接下来进入发布页面的开发。修改6.1.3小节中的course_upload.html页面，增加课程相关字段，如下所示：

```
<!DOCTYPE html>
<html lang="en">

<head>
    <meta charset="utf-8">
    <title>Edu</title>
    <meta name="viewport" content="width=device-width, initial-scale=1, shrink-to-fit=no, viewport-fit=cover">
    <link rel="stylesheet" href="{{ static_url("css/min.css") }}" >
    <script src="{{ static_url("js/axios.js") }}"></script>
    <script src="{{ static_url("js/vue.js") }}"></script>
</head>

<body>
    <div>

    {% include "head.html" %}

    <div id="app"  class="container main-content">

<div class="row justify-content-center">
<div class="col-md-10 col-lg-8 article">
<div class="article-body page-body mx-auto" style="max-width: 400px;">
<h1 class="text-center mb-4">Course Upload</h1>

<div class="form-group">

        <div id="div_id_login" class="form-group">
        <label for="id_login" class=" requiredField">
        Category <span class="asteriskField">*</span>
        </label>
        <div class="">
            <select v-model="cid">
            {% raw select %}
        </select>
        </div>
        </div>
```

```
        < div id = "div_id_login" class = "form - group" >
        < label for = "id_login" class = " requiredField" >
        Title < span class = "asteriskField" > * < /span >
        < /label >
        < div class = "" >

            < input v - model = "title"  minlength = "8" maxlength = "99" class = "tex-
tinput textInput form - control" / >

        < /div >
        < /div >
        < div id = "div_id_login" class = "form - group" >
        < label for = "id_login" class = " requiredField" >
        Description < span class = "asteriskField" > * < /span >
        < /label >
        < div class = "" >

            < input v - model = "desc"  minlength = "8" maxlength = "99" class = "textin-
put textInput form - control" / >

        < /div >
        < /div >

        < div id = "div_id_login" class = "form - group" >
        < label for = "id_login" class = " requiredField" >
        Thumb < span class = "asteriskField" > * < /span >
        < /label >
        < div class = "" >

            < input type = "file" value = ""  @change = "uploadConfig" >

        < /div >
        < /div >

        < div id = "div_id_login" class = "form - group" >
        < label for = "id_login" class = " requiredField" >
        Video < span class = "asteriskField" > * < /span >

            

        < input type = "radio" v - model = "vtype" value = "1" / >    < label for =
"man" > 站内 < /label >
```

```
                
          < input type = "radio" v - model = "vtype" valuc = "2" / >    < label for = "
women" > 站外 < /label >

            < /label >

            < div class = "" >

                < div v - if = "vtype = = 1" > < input type = "file" value = ""   @change = "
uploadConfig" > < /div >

                < div v - if = "vtype = = 2" > < input v - model = "video"   minlength = "8"
maxlength = "99" class = "textinput textInput form - control" > < /div >

            < /div >
            < /div >

        < /div >

        < div class = "text - center" >
        < button   class = "btn btn - primary btn - lg text - wrap px - 5 mt - 2 w - 100" name = "jsSub-
mitButton" @click = "upload" > Create < /button >
        < /div >

        < /div >
        < /div >
        < /div >

          < /div >

        { % include "foot.html" % }

          < /div >
```

发布页面则如图 6 - 3 所示。

接着是编写上传和发布请求逻辑，如下所示：

```
< script >

    const App = {
        data() {
            return {
                cid:1,
                title:"",
```

图 6-3　发布页面

```
            desc:"",
            thumb:"",
            vtype:2,
            video:""
        };
    },
    created: function() {

    },
    methods: {

        uploadConfig(e) {
            let formData = new FormData();
            formData.append('file', e.target.files[0]);
            let config = {
                headers:{'Content-Type':'multipart/form-data'}
            };
            this.axios.post("/upload/",formData,config).then((data) => {
                console.log(data)
                if(data.errcode == 0){
                    this.thumb = data.file;
                }
            })
        },
```

```
            upload:function(){
                let formData = new FormData();
                let data = JSON.stringify({
                    title: this.title,
                    desc: this.desc,
                    thumb: this.thumb,
                    vtype: this.vtype,
                    video: this.video,
                    cid: this.cid,
                })

                let config = {
                    headers:{'Content-Type':'application/json'}
                };
                this.axios.post("/course/",data,config).then(function (data) {
                    console.log(data)})
                },

                uploadConfig_video(e) {
                    let formData = new FormData();
                    formData.append('file', e.target.files[0]);
                    let config = {
                        headers:{'Content-Type':'multipart/form-data'}
                };
                this.axios.post("/upload/",formData,config).then((data) => {
                    console.log(data)
                    if(data.errcode == 0){
                        this.video = data.file;
                    }
                })
                },
            },
        };
const app = Vue.createApp(App);
app.config.globalProperties.myaxios = myaxios;
app.config.globalProperties.axios = axios;
app.config.compilerOptions.delimiters = ['${', '}']
app.mount("#app");

    </script>
```

要注意,前端请求格式必须声明为 Json;同时,如果用户切换视频类型,可能会利用 Vue.js 绑定事件来切换不同的上传表单。至此,课程发布模块开发完毕。

6.3 课程展示

完成课程发布相关功能之后,我们需要将课程展示在页面中,下面分别介绍课程首页、分页逻辑以及课程详情页的展示。

6.3.1 课程首页

首先,修改 course.py 文件,添加课程首页接口,如下所示:

```
#课程接口
class CourseHandler(BaseHandler):

    #课程
    async def get(self):


        courses = await self.application.objects.execute(Course.select())
        #序列化操作
        courses = [self.application.json_model(x) for x in courses]


        self.render("index.html",courses = courses)
```

将数据库中的课程数据异步读取出来,序列化后交给前端渲染。

接着在 templates 目录新建 index.html 文件,添加课程首页模板,如下所示:

```
<!DOCTYPE html>
<html lang="en">

<head>
    <meta charset="utf-8">
    <title>Edu</title>
    <meta name="viewport" content="width=device-width, initial-scale=1, shrink-
to-fit=no, viewport-fit=cover">
    <link rel="stylesheet" href="{{ static_url("css/min.css") }}" >
    <script src="{{ static_url("js/axios.js") }}"></script>
    <script src="{{ static_url("js/vue.js") }}"></script>
</head>
```

```
< body >
    < div >

    {% include "head.html" %}

    < div id = "app"  class = "container main - content" >

        < div class = "row" >

            {% for course in courses %}

            < div class = "col - 12 col - md - 6 col - lg - 4 mb - 5" >

                < div class = "card border - 0" >
                    < a href = '/view/? id = {{course["id"]}}' >

                        < img src = '/static/uploads/{{course[ "thumb"]}}' width =
"330" height = "182" >

                    </a >
                    < div class = "card - body m - 0 p - 0 mt - 2" >
                        < a class = " " href = '/view/? id = {{course[ "id"]}}' >
                            < h2 class = "card - title h4 my - 0 py - 0" > {{ course[ "ti-
tle"] }} < /h2 >
                        </a >
                    </div >
                </div >
            </div >
            {% end %}

        </div >
    </div >

    {% include "foot.html" %}

    </div >
```

通过模板中的 for 循环标签将课程列表遍历渲染，如图 6 - 4 所示。

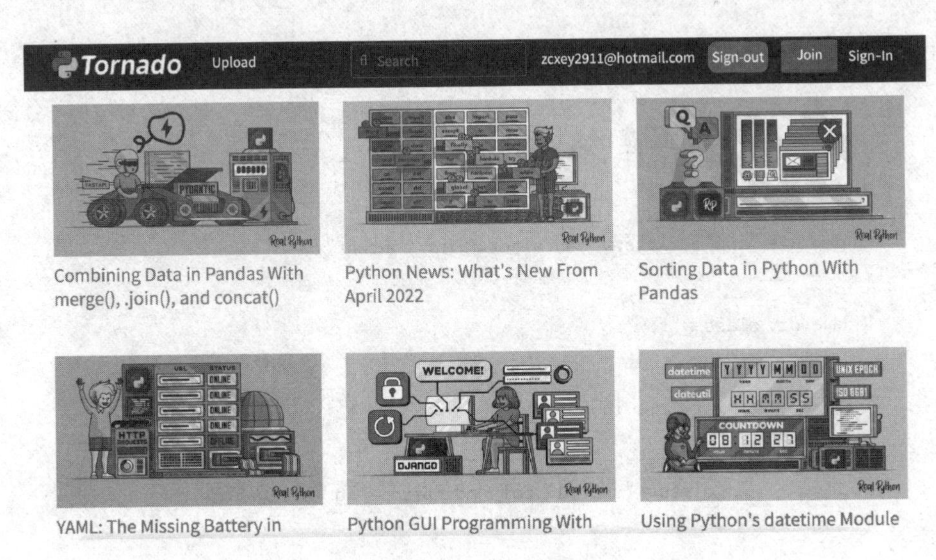

图 6-4 课程首页

6.3.2 分页逻辑

如果课程过多,可能会导致单页数据量过大,因此需要为课程接口添加分页逻辑,如下所示:

```
page = int(self.get_argument("page",1))
size = int(self.get_argument("size",1))
courses = await self.application.objects.execute(Course.select().paginate(page,size))
```

这里通过 peewee 的 paginate 方法来控制分页,第一个参数 page 代表当前页,第二个参数 size 代表每页展示的数据范围。

后端数据分页之后,需要前端传递 page 参数触发分页,所以需要一个相对独立的分页器进行配合。编辑 utils.py 文件,添加分页器逻辑,如下所示:

```
#分页器
def paginate(url,page,total):

    page_str = ""

    if page != 1:

        page_str += '<a class="page-numbers prev" href="'+url+"?page="+str(page-1)+'">上一页</a>'

    for i in range(total):

        if i+1 == page:
```

```
                page_str += '  < span class = "page - numbers current" > ' + str(i + 1) +
' < /span > '
            else:
                page_str += '  < a class = "page - numbers" href = "' + url + "? page = " +
str(i + 1) + '" >  ' + str(i + 1) + '  < /a > '

        if page != total:

            page_str += ' < a class = "page - numbers next" href = "' + url + "? page = " + str
(page + 1) + '" > 下一页 < /a > '

        return page_str
```

这里需要三个参数:地址、当前页以及总页数。先通过判断当前页来拼接上下分页,然后遍历总页数来渲染数字分页,所以需要修改一下接口逻辑,如下所示:

```
total = await self.application.objects.count(Course.select())
all_page = math.ceil(total / size)
courses = await self.application.objects.execute(Course.select().paginate(page,size))
#序列化操作
courses = [self.application.json_model(x) for x in courses]

page_str = paginate("/",page,all_page)

self.render("index.html",courses = courses,page_str = page_str)
```

首先异步查询出课程数量,然后除以单页显示数量(注意这里需要通过 math.ceil()方法进行向上取整的操作,防止页数溢出的问题),接着渲染到页面中即可,如图 6-5 所示。

Python Basics: Code Your First Python Program

Python Timer Functions: Three Ways to Monitor Your Code

Build a Hash Table in Python With TDD

上一页 1 2 3 下一页

图 6-5 分页展示

6.3.3 课程详情页

课程详情页需要从课程首页的入口进入,获取到课程 id 之后,异步读取课程数据,然后渲染到详情页。首先修改 course.py 文件,增加详情页逻辑,如下所示:

```
# 课程接口
class CourseHandler(BaseHandler):

    # 课程
    async def get(self):

        id = self.get_argument("id",None)

        page = int(self.get_argument("page",1))
        size = int(self.get_argument("size",20))

        if id:

            course = await self.application.objects.get(Course.select().where(Course.id == id))

            course = self.application.json_model(course)

            self.render("view.html",course = course)

        else:

            total = await self.application.objects.count(Course.select())
            all_page = math.ceil(total / size)
            courses = await self.application.objects.execute(Course.select().paginate(page,size))
            # 序列化操作
            courses = [self.application.json_model(x) for x in courses]

            page_str = paginate("/",page,all_page)

            self.render("index.html",courses = courses,page_str = page_str)
```

随后在 templates 目录新建课程详情页模板 view.html，如下所示：

```
<!DOCTYPE html>
<html lang="en">

<head>
    <meta charset="utf-8">
    <title>Edu</title>
    <meta name="viewport" content="width=device-width, initial-scale=1, shrink-to-fit=no, viewport-fit=cover">
    <link rel="stylesheet" href="{{ static_url("css/min.css") }}">
    <script src="{{ static_url("js/axios.js") }}"></script>
```

```
    <script src="{{ static_url("js/vue.js") }}"></script>
</head>

<body>
    <div>

    {% include "head.html" %}

    <div id="app"  class="container main-content">

<div class="row justify-content-center">
<div class="col-md-10 col-lg-10 article">
<div class="article-body page-body mx-auto">
<h1 class="text-center mb-4">{{ course["title"] }}</h1>

<div>

    {% if course["vtype"] == 2 %}

    {% raw course["video"] %}

    {% else %}

    <video style="width:100%;" height="500" src='/static/uploads/{{ course["vi
deo"] }}' controls="controls" mutedautoplay="autoplay" >
您的浏览器不支持 video 标签。
</video>

    {% end %}

</div>


<div class="text-center" style="display:none;">
<button  class="btn btn-primary btn-lg text-wrap px-5 mt-2 w-100" name="jsSub-
mitButton" @click="upload">add cart</button>
</div>

</div>
</div>
</div>

    </div>
```

```
    {% include "foot.html" %}

    </div>
```

这里通过模板的 if 关键字判断当前课程的视频类型。如果是站外视频,则会通过 raw 方法进行渲染;反之,则通过 video 标签直接进行调用即可,如图 6-6 所示。

图 6-6 课程详情页

至此,课程详情页部分就完成了。

6.4 课程浏览排行榜

完成了课程详情页的展示,我们可以记录用户在课程详情页的浏览情况,也就是课程的浏览量;随后根据浏览量对课程进行排名操作,这样可以直观地判别一门课程的质量。多数情况下,课程的浏览量会相对频繁地更新,用户每访问一次课程详情页,即浏览了一次。如果活跃用户数量非常庞大,那么浏览量就会非常多,这样的数据我们称为"热数据"。如果后端采用 Mysql 对"热数据"进行存储,每一次浏览都要进行 Mysql 的读/写操作,服务器压力将会非常大。所以,对于排行榜这种读/写操作非常频繁的需求,我们可以采用 Redis 来实现。

6.4.1 有序集合

Redis 有序集合也是集合类型的一部分,所以它保留了集合中元素不能重复的特性,但不同的是,有序集合给每个元素多设置了一个分数,利用该分数作为排序的依据。

有序集合可以利用分数进行从小到大的排序。虽然有序集合的成员是唯一的,但是分数(score)却可以重复。比如在一个课程排行榜中,课程的 id 是唯一的,但浏览量却可以是一样的,Redis 可以利用有序集合存储浏览量快速做课程排行功能。

6.4.2 浏览量存储与展示

所有课程的浏览量数据都会存储到一个有序集合里,只要有浏览量就可以参与到排行榜中。修改 6.3.3 小节中的课程详情页接口,添加课程浏览量存储逻辑,如下所示:

```
course = await self.application.objects.get(Course.select().where(Course.id == id))
course = self.application.json_model(course)
await self.application.redis.zincrby('course_rank',1,course['id'])
self.render("view.html",course = course,courseid = course['id'])
```

这里使用zincrby方法来进行浏览量的存储动作，涉及三个参数：唯一标识key、累加次数和课程id。用户每浏览一次课程详情页都会以课程id为标识对浏览量做累加操作，如果是首次浏览，则会初始化浏览量为1。

进入Redis客户端输入命令，如下所示：

```
ZRANGE course_rank 0 -1 WITHSCORES
```

系统会返回：

```
1) "1"
2) "1"
```

这里第一个数字代表课程id，第二个数字是浏览量，它会随着浏览次数进行累加操作。

随后，添加当前课程获取浏览量逻辑，将浏览量通过课程id异步读取出来，如下所示：

```
views = await self.application.redis.zscore("course_rank","1")  self.render("view.html",course = course,courseid = course['id'],views = views)
```

紧接着，通过模板语法渲染，如下所示：

```
<h4 class = "text-center mb-4">观看:{{ views }}</h4>
```

课程的浏览量就可以直观地展示在课程详情页中，如图6-7所示。

图6-7 浏览量展示

至此，浏览量的存储和展示就完成了。

6.4.3 排行榜展示

接着来完成排行榜的展示，编写course.py文件，添加排行榜逻辑，如下所示：

```
#排行榜
class CourseRank(BaseHandler):

    async def get(self):

        courses = []
        rank = await self.application.redis.zrevrange('course_rank', 0,9, withscores = True)
        for value in rank:
            course = await self.application.objects.get(Course.select().where(Course.id == value[0]))
            course = self.application.json_model(course)
            course["views"] = value[1]
            courses.append(course)

        self.render("rank.html",courses = courses)
```

这里通过 zrevrange 方法获取到课程排行榜数据，随后再遍历数据集，查询到 Mysql 中存储到课程的详情数据，之后将 Redis 数据和 Mysql 数据组合并返回给前端进行渲染。在 templates 目录建立排行榜页面文件 rank.html，如下所示：

```
<!DOCTYPE html>
<html lang="en">

<head>
    <meta charset="utf-8">
    <title>Edu</title>
    <meta name="viewport" content="width=device-width, initial-scale=1, shrink-to-fit=no, viewport-fit=cover">
    <link rel="stylesheet" href="{{ static_url("css/min.css") }}">
    <script src="{{ static_url("js/axios.js") }}"></script>
    <script src="{{ static_url("js/vue.js") }}"></script>
</head>

<body>
    <div>

    {% include "head.html" %}

    <div id="app"  class="container main-content">

        ${message}
```

```
        < div class = "row" >

            { % for course in courses % }


            < div class = "col - 12 col - md - 6 col - lg - 4 mb - 5" >

                < div class = "card border - 0" >
                    < a href = '/view/? id = {{course["id"]}}' >

                        < img src = '/static/uploads/{{course["thumb"]}}' width = "
330" height = "182" >

                    </a >
                    < div class = "card - body m - 0 p - 0 mt - 2" >
                        < a class = " " href = '/view/? id = {{course["id"]}}' >
                            < h2 class = "card - title h4 my - 0 py - 0" > {{ course["ti-
tle"] }},观看次数:{{ course["views"] }} </h2 >
                        </a >
                    </div >
                </div >
            </div >
            { % end % }

        </div >
    </div >

    { % include "foot. html" % }

    </div >
```

随后访问 http://127.0.0.1:8000/rank/,如图 6 - 8 所示。

图 6 - 8　课程排行榜

至此，排行榜功能就完成了。

6.4.4 N+1 问题

在上一小节中，我们完成了课程排行榜的开发，但是有一个问题被忽略了，那就是当从 Redis 数据库中获取排行榜数据之后，我们在循环中针对 Mysql 进行异步读取操作，如果排行榜中有 10 条记录，就得循环 10 次，Mysql 相应地读取 10 次，那么假设有 100 条、1 000 条呢？也就是说，如果我们首次查询 Mysql 是 10 条记录，那么最终需要执行的查询语句应该是 10+1=11 条语句；如果首次查询出来的是 N 条记录，那么最终需要执行查询语句就应该是 $N+1$ 次。这就是著名的 $N+1$ 问题。在所有数据查询业务中，这个问题都会存在，并且会导致系统变慢，然后拖垮整个系统。

因此，我们需要对排行榜逻辑进行改进，以达到优化的目的。修改 course.py 文件，如下所示：

```
#排行榜
class CourseRank(BaseHandler):

    async def get(self):

        rank = await self.application.redis.zrevrange('course_rank', 0,9, withscores=
True)
        rank_ids = [value[0] for value in rank]
        rank_dict = {value[0]:value[1] for value in rank}
        courses = await self.application.objects.execute(Course.raw(" select * from
course where id in (" + ",".join(rank_ids) + ") order by field (id," + ",".join(rank_ids) + ")  "))
        courses = [self.application.json_model(x) for x in courses]
        for value in courses:
            value["views"] = rank_dict.get(str(value["id"]))

        self.render("rank.html",courses = courses)
```

首先读取 Redis 中的排行榜记录，将课程 id 信息以及顺序提取出来；随后使用 Mysql 的条件查询 in 语句配合 order by field 关键字按照排行榜的顺序将课程信息批量读取出来；之后再遍历将排名和课程数据进行组合，整个流程只需要 2 次数据库的读取操作，解决了 $N+1$ 的问题，性能上做了优化，提高了系统效率。

6.5 课程检索

课程检索是根据关键字检索对应课程的功能，我们可以根据课程的标题以及描述来做关键字检索。

6.5.1 模糊查询

首先，采用 Mysql 内部的模糊查询方式，针对 title 和 desc 两个字段进行检索，编辑 course.py 文件，添加检索逻辑，如下所示：

```
#模糊查询检索
class CourseSearch(BaseHandler):

    async def get(self):

        keyword = self.get_argument("keyword",None)

        courses = []

        if keyword:

            courses = await self.application.objects.execute(Course.select().where(
(Course.title.contains(keyword) ) | (Course.desc.contains(keyword)) ))

            courses = [self.application.json_model(x) for x in courses]

        self.render("search.html",courses = courses)
```

接收前端传过来的检索关键字 keyword，然后使用 contains 关键字进行异步的模糊查询操作，如果课程标题或者描述可以匹配到关键字，就将结果集返回至前端。

6.5.2 检索页面

完成了模糊查询接口的编写之后，在 templates 目录新增检索页面 search.html，如下所示：

```
<!DOCTYPE html>
<html lang="en">

<head>
    <meta charset="utf-8">
    <title>Edu</title>
    <meta name="viewport" content="width=device-width, initial-scale=1, shrink-
to-fit=no, viewport-fit=cover">
    <link rel="stylesheet" href="{{ static_url("css/min.css") }}">
    <script src="{{ static_url("js/axios.js") }}"></script>
    <script src="{{ static_url("js/vue.js") }}"></script>
</head>

<body>
```

```
<div>

    {% include "head.html" %}

    <div id="app"  class="container main-content">

        ${message}

        <div class="row">

            {% for course in courses %}


            <div class="col-12 col-md-6 col-lg-4 mb-5">

                <div class="card border-0">
                    <a href='/view/?id={{course["id"]}}'>

                        <img src='/static/uploads/{{course["thumb"]}}' width=
"330" height="182">

                    </a>
                    <div class="card-body m-0 p-0 mt-2">
                        <a class="" href='/view/?id={{course["id"]}}'>
                            <h2 class="card-title h4 my-0 py-0">{{ course["ti-
tle"] }}</h2>
                        </a>
                    </div>
                </div>
            </div>
            {% end %}

        </div>
    </div>

    {% include "foot.html" %}

</div>
```

接着,修改头部模板 head.html,添加检索表单,如下所示:

```
<form class="form-inline" action="/search/" method="GET">
<a class="js-search-form-submit position-absolute" href="/search/" title="
Search"><i class="fa fa-search fa-fw text-muted pl-2" aria-hidden="true"></i>
</a>
<input class="search-field form-control form-control-md mr-sm-1 mr-lg-2 w-
100" style="padding-left: 2rem;" maxlength="50" type="search" placeholder="Search"
```

```
aria-label="Search" name="keyword">
    </form>
```

这里通过表单的形式向后端发送关键字，使用键盘的回车键提交表单，输入关键字后按回车发起检索动作，如图 6-9 所示。

图 6-9 检索页面

至此，相对简单的模糊查询功能就完成了。

6.5.3 全文检索

对于数据量相对小的场景，模糊查询足以支撑检索需求。但是，由于其无法使用数据库索引的特性，导致模糊查询性能会有一定瓶颈，所以对于数据量大、数据结构不固定的数据，可采用全文检索方式搜索。全文检索将非结构化数据中的一部分信息抽取出来，重新组织，使其变得有一定结构，然后对有一定结构的数据进行搜索，从而达到搜索相对较快的目的。

被抽取出来的那一部分信息，就是全文检索中的索引。比如生活中常见的字典，字典的拼音表和部首检字表就相当于字典的索引，对每一个字的解释是非结构化的，如果字典没有音节表和部首检字表，在《辞海》中找一个字只能按顺序扫描。其实字的某些信息可以提取出来进行结构化处理，比如其读音就比较结构化，分为声母和韵母，分别只有几种，可以一一列举，于是将读音拿出来按一定的顺序排列，每一项读音都指向这个字的详细解释的页数。我们按结构化的拼音搜索到读音，然后按其指向的页数便可找到非结构化的数据：字的具体信息。

6.5.4 Redisearch 安装

Redisearch 是一个高性能的全文搜索引擎，可作为一个 Redis Module 运行在 Redis 上，是由 RedisLabs 团队所研发。它可以将数据存储到内存中，快速地进行索引和检索。

首先，安装 Redisearch，通过 docker 命令拉取官方镜像，如下所示：

```
docker pull redislabs/redisearch
```

拉取成功后，输入命令查看镜像实体，如下所示：

```
docker images;
REPOSITORY TAG IMAGE ID CREATED SIZE
redislabs/redisearch latest dabe38ef4f00 5 months ago 152MB
```

紧接着启动 Redisearch 服务，如下所示：

```
docker run -d -p 6666:6379 redislabs/redisearch:latest
```

由于在本地我们已经安装了一个 Redis 数据库，所以通过端口映射到 6666 端口，防止和本地的 6379 端口冲突。

随后，通过命令连接端口 6666 的服务，如下所示：

```
redis-cli -h localhost -p 6666
```

连接成功之后，说明 Redisearch 已经安装好了。

6.5.5 全文检索数据同步

现在我们通过 Tornado 来操作 Redisearch。首先通过命令安装操作库 Redisearch，如下所示：

```
pip3 install redisearch
```

接着编写 course.py 文件，添加数据同步接口，如下所示：

```
#数据同步
class SyncData(BaseHandler):

    async def get(self):

        client = Client('course',host='localhost',port='6666')
        # Creating the index definition and schema
        client.create_index((TextField('title'),TextField('desc')))

        courses = await self.application.objects.execute(Course.select())
        courses = [self.application.json_model(x) for x in courses]

        for value in courses:

            client.add_document(value["id"], title = value["title"],desc = value["desc"],language='chinese')

        self.finish({"msg":"ok","errcode":0})
```

这里我们在 Redisearch 中创建课程标题以及描述的索引，随后异步读取 Mysql 数据库，将对应的数据同步到 Redis 中。

6.5.6 全文检索接口

数据同步到 Redis 之后，编写 course.py 文件，添加全文检索接口，如下所示：

```
#全文检索
class Redisearch(BaseHandler):

    async def get(self):

        client = Client('course',host = 'localhost',port = '6666')

        keyword = self.get_argument("keyword",None)

        res = client.search(keyword)

        self.finish({"data":res.docs,"errcode":0})
```

这里和 6.5.1 小节中的逻辑一样，通过 keyword 关键字进行检索，只不过此次检索是通过 Redis 来查询，速度和效率不可同日而语。接口返回查询数据，如下所示：

```
{
    data:
    [
    "Document {'id': '3', 'payload': None, 'title': 'Sorting Data in Python With Pandas', 'desc': 'Sorting Data in Python With Pandas'}",
    "Document {'id': '2', 'payload': None, 'title': "Python News: What's New From April 2022", 'desc': "Python News: What's New From April 2022"}"
    ],
    errcode: 0
}
```

至此，全文检索逻辑就完成了。

6.6 课程管理

课程管理是针对所有课程的管理页面，用户可以针对课程进行查询、修改或者删除等操作。不难看出，这些功能和 5.4.3 小节中的用户管理模块重复了，难道需要再写一遍类似的代码吗？其实，我们可以利用面向对象的特性对此类操作进行封装，提高代码的复用性。

6.6.1 封装操作类

具体封装逻辑把对象的状态和行为归为一个整体当中，即字段和方法放到一个类中，隐藏实现细节，只提供公共的访问方式。当然，这些操作必须保持 Tornado 异步非阻塞的特性。编写 base.py 文件，如下所示：

```
#封装操作类

class BaseManage(BaseHandler):

    async def get_all(self,model):

        datas = await self.application.objects.execute(model.select())
        datas = [self.application.json_model(x) for x in datas]

        return datas

    async def get_one(self,model,id):

        data = await self.application.objects.get(model.select().where(model.id == id))
        data = self.application.json_model(data)

        return data

    async def create(self,model,data):

        await self.application.objects.create(model, **data)

        return True

    async def update(self,model,id,fields):

        data = await self.application.objects.get(model.select().where(model.id ==
id))
        model.update(**fields).where(model.id == data.id).execute()

        return True

    async def remove(self,model,id):

        data = await self.application.objects.get(model.select().where(model.id == id))
        model.update(**{"state":4}).where(model.id == data.id).execute()

        return True
```

这里将增删改查方法都做了异步封装处理，有需求的接口集成封装为类，然后进行调用即可。

6.6.2 管理接口

课程管理接口只需继承公共类便可以进行相关操作。编写 course.py 文件,添加课程管理接口,如下所示:

```
#课程管理接口
class CourseManage(BaseManage):

    @jwt_async()
    async def get(self):

        courses = await self.get_all(Course)

        self.finish({"courses":courses,"errcode":0})
```

6.6.3 管理页面

在 templates 目录中添加课程管理页面 admin_course.html 文件,如下所示:

```
<!DOCTYPE html>
<html lang="en">

<head>
    <meta charset="utf-8">
    <title>Edu</title>
    <meta name="viewport" content="width=device-width, initial-scale=1, shrink-
to-fit=no, viewport-fit=cover">
    <link rel="stylesheet" href="{{ static_url("css/min.css") }}" >
    <script src="{{ static_url("js/axios.js") }}"></script>
    <script src="{{ static_url("js/vue.js") }}"></script>
</head>

<body>
    <div>

    {% include "head.html" %}

    <div id="app"  class="container main-content">

        <div class="row" style="border:0px;padding-bottom:5rem;">
            <div class="col-md-12 col-lg-3" style="background-color:#
f0f0f0;border:1px solid rgba(0, 0, 0, .125);
```

```
border - radius: 0.25rem;padding:2rem" >
                < ul style = "line - height:3rem;" >

                    < li >用户管理 < /li >

                    < li >课程管理 < /li >

                < /ul >
            < /div >

            < div class = "col - 12 col - lg - 9" >

                < div style = "border: 1px solid rgba(0, 0, 0, .125);
 border - radius: 0.25rem;padding:2rem;" >

                    < table class = "qgg - table" >
< thead >
< tr >
< th width = "33 %" > 课程标题 < /th >
< th width = "25 %" > 课程分类 < /th >
< th width = "25 %" > 操作 < /th >
< /tr >
< /thead >
< tbody >
        < tr v - for = "item in courses" >
            < td > ${item.title} < /td > < td > ${item.cid.name} < /td > < td > <
button > 修改 < /button > < button > 删除 < /button > < /td >
        < /tr >
        < /tbody >
< /table >
            < /div >

            < /div >
        < /div >
    {% include "foot.html" %}
    < /div >
```

随后,添加请求管理接口逻辑,如下所示:

```
< script >
        const App = {
            data() {
                return {
                    courses:[]
```

```
                };
            },
            created: function() {

                this.myaxios("/admin/course/","get").then(data => {
                    if(data.errcode){
                        alert(data.msg);
                    }else{
                        this.courses = data.courses;
                    }

                });
            },

            methods: {
            },
        };
const app = Vue.createApp(App);
app.config.globalProperties.myaxios = myaxios;
app.config.globalProperties.axios = axios;
app.config.compilerOptions.delimiters = ['${', '}']
app.mount("#app");

    </script>
```

通过异步请求将课程数据渲染至页面中，如图 6-10 所示。

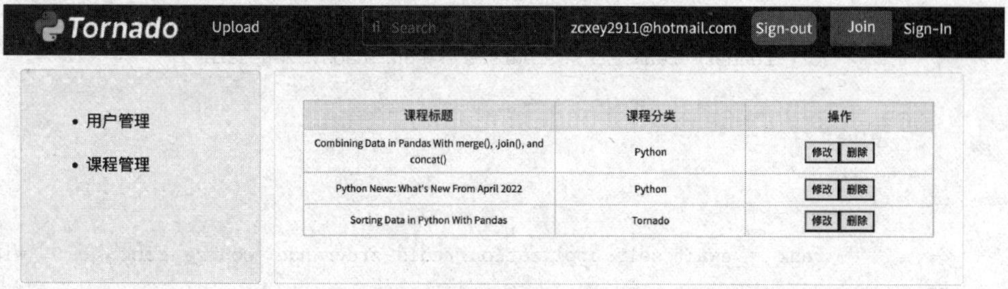

图 6-10　课程管理页面

至此，课程管理逻辑就完成了。

6.7　课程缓存

缓存的作用主要是为了减少或者延缓 Mysql 的读/写次数，总而言之，缓存可以提高系统整体的访问效率。因此，我们需要为课程的数据接口设置缓存，缓存容器还是使用 Redis 数据库。

6.7.1 缓存逻辑

缓存设置的逻辑很简单，如果数据首次从 Mysql 读取出来，我们将其放到 Redis 中，下一次就可以直接从缓冲中读取；如果缓存失效，就重新从 Mysql 中读取，然后继续放到 Redis 中，如此往复。需要注意的是，缓冲的读/写必须是异步操作，否则就会阻塞 Tornado 线程。这里我们使用异步缓存库 aiocache。

首先，执行以下命令安装 aiocache，如下所示：

```
pip install aiocache
```

安装成功后，以 6.4.2 小节中的排行榜接口为例，编辑 course. py 文件，添加缓存设置的逻辑，如下所示：

```
#排行榜
from aiocache import Cache
class CourseRank(BaseHandler):

    async def get(self):

        cache = Cache(Cache.REDIS)
        cachedata = await cache.get("rank")

        if cachedata:

            self.render("rank.html",courses = json.loads(cachedata))

        else:

            res = []
            rank = await self.application.redis.zrevrange('course_rank', 0,9, with-
scores = True)
            rank_ids = [value[0] for value in rank]
            rank_dict = {value[0]:value[1] for value in rank}
            courses = await self.application.objects.execute(Course.raw(" select *
from course where id in (" + ",".join(rank_ids) + ") order by field (id," + ",".join(rank_ids)
+ ")  "))
            courses = [self.application.json_model(x) for x in courses]
            for value in courses:
                value["views"] = rank_dict.get(str(value["id"]))
            await cache.set("rank",json.dumps(courses,default = str,),ttl = 30)
            self.render("rank.html",courses = courses)
```

首先通过 await cache. get("rank")方法获取排行榜的数据缓存，如果缓存不存在，就继续下面的 Mysql 读取逻辑，获得数据库可使用 await cache. set("rank",json. dumps(courses,default=str,),ttl=30)方法设置缓存，ttl 参数为缓冲的生命周期，这里我们设置为 30 s。

6.7.2 缓存装饰器

缓存的设置虽然简单，但是我们不可能每个接口都写一遍缓存逻辑。这种写法通用性很差，而且会影响接口本身的业务逻辑，因此我们可以采用装饰器的形式设置缓存。首先改造一下原接口，将其设置为独立异步方法获取数据，如下所示：

```
#排行榜
class CourseRank(BaseHandler):

    async def get_rank(self):

        rank = await self.application.redis.zrevrange('course_rank', 0,9, withscores =
True)
        rank_ids = [value[0] for value in rank]
        rank_dict = {value[0]:value[1] for value in rank}
        courses = await self.application.objects.execute(Course.raw(" select * from
course where id in (" + ",".join(rank_ids) + ") order by field (id," + ",".join(rank_ids) + ")
 "))
        courses = [self.application.json_model(x) for x in courses]
        for value in courses:
            value["views"] = rank_dict.get(str(value["id"]))

        courses = json.dumps(courses,default = str)
        return courses

    async def get(self):

        courses = await self.get_rank()
        self.render("rank.html",courses = json.loads(courses))
```

完成这些改造后，数据只可能从 get_rank 这个异步方法返回，便于添加装饰器，如下所示：

```
from aiocache import cached,Cache

#排行榜
class CourseRank(BaseHandler):

    @cached(ttl = 30,key = "rank",cache = Cache.REDIS)
```

```
    async def get_rank(self):

        rank = await self.application.redis.zrevrange('course_rank', 0,9, withscores=True)
        rank_ids = [value[0] for value in rank]
        rank_dict = {value[0]:value[1] for value in rank}
        courses = await self.application.objects.execute(Course.raw(" select * from course where id in (" + ",".join(rank_ids) + ") order by field (id," + ",".join(rank_ids) + ") "))
        courses = [self.application.json_model(x) for x in courses]
        for value in courses:
            value["views"] = rank_dict.get(str(value["id"]))

        courses = json.dumps(courses,default=str)
        return courses
```

导入 cached 装饰器,把需要缓存的异步方法配置上装饰器即可。至此,一个可用的缓存系统就完成了。

6.8 本章总结

本章我们完成了课程模块的开发,这个模块也是整个项目最核心的模块。到目前为止,经历了用户和课程模块,我们的项目已经初具规模,一些基础功能也可以正常使用了。下一章我们将进入课程审核模块的开发。

第 7 章　课程审核

本章我们将进入课程审核模块的开发，教育平台是以用户产出原创课程为主的在线平台，但由于用户群体创作水平的不同，产出的课程内容自然有优劣之分，同时课程内容也必须合法合规，所以当课程内容产出后，审核人员在后台对内容进行审批通过后，其课程内容才会出现在首页或者其他展示位。

7.1 审核队列

大多数传统的审核方式是基于课程状态，即审核员在后台无差别读取待审核课程。这样的审核机制在数据量小、审核员少的前提下可以正常运转，但是数据量一旦上来，就会出现审核效率低或者审核资源浪费的情况。

教育平台的审核逻辑是基于分配，在 6.1.2 小节中我们已经给课程表预留出审核员 id 的字段。课程发布之后，默认课程的状态为待审核，此时会将待审核课程分配给审核员，将审核员的 id 设置到课程表的审核员 id 字段中。随后审核员登录后台，将所有课程表中审核员 id 为当前登录用户 id 的课程读取出来，做审核操作。

基于分配的审核逻辑可以更合理地分配审核资源，但随之而来的问题是，如何分配？这里我们引入一个概念，就是“缓冲区队列”。举个例子，在街边巷尾随处可见的早点摊，如果我们仔细观察，会发现几乎每个早点摊都需要排队。早点是被早点摊老板生产出来的，而顾客则需要消费这些早点，但在消费过程中出现了问题：在这一场景中，如果生产者生产早点的速度过慢，那么消费者会出现空闲闲置的情况，相当于导致资源浪费；如果生产者生产早点的速度过快，消费者消费早点的速度很慢，那么生产者就必须等待消费者消费完了早点才能继续生产早点。这就是最朴素的生产者消费者问题。

审核逻辑恰恰就契合生产者消费者模型，教育平台用户负责产生课程数据，这些数据由审核模块负责处理。产生数据的课程模块，就形象地称为生产者；而处理数据的审核模块，就称为消费者。

单单抽象出生产者和消费者，还够不上是生产者消费者模型。该模型还需要一个上文提到的“缓冲区队列”，处于生产者和消费者之间，作为一个中介。生产者把数据放入缓冲区队列，而消费者从缓冲区队列取出数据，如图 7 - 1 所示。

有了缓冲区队列，生产者不必和消费者一一对应，用户产生的内容不对审核员产生任何依赖。如果某一天审核员换人了，对于需要内容审核的用户，也没有影响。假设生产者和消费者是两个对象，如果让生产者直接调用消费者的某个方法，那么生产者对消

图 7-1　缓冲区队列

费者就会产生依赖(也就是耦合)。如果将来消费者的逻辑发生变化,可能会直接影响到生产者。而如果两者都依赖于某个缓冲区,两者之间不直接依赖,耦合度也就相应降低了。同时,如果生产者、消费者数量不对等,依然能够保持正常良好的通信。如果消费者的方法调用是同步的,在消费者的方法没有返回结果之前,生产者只能一直等待;如果消费者处理数据很慢,那么生产者只能等着。使用了生产者消费者模式之后,生产者和消费者可以是两个独立的并发主体。生产者把制造出来的数据直接放到缓冲区,就可以再去产生下一条内容,基本上不用依赖消费者的处理速度。如果生产者的生产速度和消费者的消费速度不匹配,缓冲区队列也可以将产出的内容进行暂存。教育平台用户的账号同时在两台计算机上发布多条课程内容,而审核员无法同时进行审批动作,就可以把多出来的内容暂存在缓存区。也就是说,生产者短时间内生产数据过快,消费者来不及消费,未处理的数据可以暂时存在缓冲区中。

7.1.1　基于列表实现

我们首先使用 Redis 的列表数据类型来实现审核队列,Redis 列表是简单的字符串列表,按照插入顺序排序,遵循先进先出的逻辑。当课程发布之后,课程 id 会依次进入审核队列,随后会按照顺序分配审核员。在 Tornado 中,依然需要队列具备异步特性,在 app 目录中,新建审核模块文件 audit. py,如下所示:

```
#审核队列
class ListQueue:

    def __init__(self,redis):

        self.r = redis
        self.key = "listqueue"

    #审核任务入队
    async def push(self,item):

        await self.r.lpush(self.key,item)

    #审核任务出队
    async def out(self):

        #取值
        item = await self.r.rpop(self.key)
```

```
        return item
```

这里利用初始化方法将 Redis 链接对象传入，随后声明两个异步方法：push 和 out。分别通过 Redis 内置的 lpush 和 rpop 方法实现入队和出队动作。调用上，只需在 6.2.3 小节的发布逻辑中添加审核队列的入队逻辑即可，如下所示：

```
try:
    course = await self.application.objects.create(Course, **data)
    lq = ListQueue(self.application.redis)
    await lq.push(course.id)
    self.finish({"msg":"发布成功","errcode":0})
except Exception as e:
    print(str(e))
    self.finish({"msg":"未知错误","errcode":1})
```

使用 lpop 方法出队，会存在一个性能风险点，就是审核员如果想要及时地处理数据，就要不停地调用出队方法，这就会给审核逻辑带来不必要的性能损失。所以，Redis 还提供了 blpop 这种阻塞式读取的命令，审核消费在没有读到审核队列数据时，自动阻塞，直到有新的数据写入队列，再开始读取新数据。这种方式节省了不必要的 CPU 开销，如下所示：

```
#审核任务出队
async def wait_out(self,timeout=1):
    item = await self.r.blpop(self.key,timeout=timeout)
    return item
```

这里将超时时间设置为 1 s。如果审核队列中没有数据，程序会等待 1 s；如果设置为 0 s，即可无限等待。

以上的方式中，审核队列中的任务一经发送出去，便从队列里删除。如果由于网络原因消费者没有收到消息，或者消费者在处理这条任务的过程中崩溃了，就再也无法还原出这条消息。究其原因，就是缺少消息确认机制。为了保证任务的可靠性，任务队列都会有完善的消息确认机制（Acknowledge），即消费者向队列报告任务已收到或已处理的机制，如下所示：

```
#审核任务出队
async def wait_out(self,timeout=1):

    #取值
    item = await self.r.brpoplpush(self.key,"listqueue_bak",timeout=timeout)

    return item
```

使用 brpoplpush 方法将任务标识从一个队列取出后放入另一个队列，业务操作安全执行完成后,再去删除备用队列中的数据。如果有问题的话,方便业务的回滚操作。

7.1.2 优先级队列

审核队列本身是有序的,遵循先进先出的原则。但是在实际工作中,有些审核需求可能非常急迫,它们的优先级可能高于普通审核需求,此时高优先级只要比低优先级的任务率先处理掉,其他任务之间的顺序可以一概不管。这种情况我们只需要在遇到高优先级任务时用 rpush 方法将它塞到队列的前头,而不是用 lpush 方法将它塞到最后面即可,如下所示:

```
#队头入队
async def push(self,item):

    await self.r.rpush(self.key,item)
```

这样的逻辑很容易实现,遇到高优先级的使用 rpush,遇到低优先级的使用 lpush。

这只是简单地将高优先级的任务塞到队列最前面,低优先级的任务塞到最后面,但保证不了高优先级任务之间的顺序。假设所有的任务都是高优先级,那么它们的执行顺序将是相反的,如此便明显地违背了队列的先进先出原则。

继续改进队列方案,设置两个队列:一个是高优先级队列,一个是低优先级队列。高优先级任务放到高优先级队列中,低的放到低优先级队列中,如下所示:

```
#双队列
async def level_out(self,timeout = 1):

    #取值
    item = await self.r.brpop(['high_task_queue', 'low_task_queue'],timeout)

    return item
```

维护双队列,高优先级的会被率先执行,并且高优先级之间也是保证了先进先出的原则。

7.2 触发审核任务

审核任务一旦进入审核队列,需要触发出队逻辑,客户端通过从队列中获取到的课程 id 来对审核员 id 进行分配操作。这里涉及两个层面:被动触发和主动触发。

7.2.1 被动触发

被动触发指的是审核员访问出队接口之后,才会触发审核出队动作。任务出队接口负责将出队后的课程 id 直接分配给当前审核员,即将当前用户 id 更新到课程的 audit 字段中。修改 audit.py 文件,添加主动触发审批逻辑接口,如下所示:

```
#课程审核触发逻辑
class AuditHandler(BaseHandler):

    @jwt_async()
    async def get(self):

        #获取队列中的审核任务
        lq = ListQueue(self.application.redis)
        course_id = await lq.out()

        if course_id:
            course = await self.application.objects.get(Course,id=course_id)
            course.audit = self._current_user.id
            await self.application.objects.update(course)
            course.save()
```

通过审核队列的实例,异步获取待审核的课程 id。当然,审核队列中并不一定有待审核的课程,如果存在审核任务,就将该课程的审核员 id 更新为当前登录的审核员。

更新操作完毕后,通过当前用户的 id 反向查询课程表,将所有审核员 id 为当前用户的课程读取出来,返回至前端,如下所示:

```
#课程审核触发逻辑
class AuditHandler(BaseHandler):

    @jwt_async()
    async def post(self):

        #获取队列中的审核任务
        lq = ListQueue(self.application.redis)
        course_id = await lq.out()

        if course_id:
            course = await self.application.objects.get(Course,id=course_id)
            course.audit = self._current_user.id

            courses = await self.application.objects.execute(Course.select().where(
Course.audit == self._current_user.id ))
            courses = [self.application.json_model(x) for x in courses]

        self.finish({"data":courses,"errcode":0})
```

每一次审核员访问该接口都会触发一次审核队列出队的动作,如果队列中有审核任务,就会自动更新审核员 id,然后通过返回值的形式返给前端。

在 templates 目录编写审核页面 audit.html 文件，如下所示：

```
<! DOCTYPE html >
<html lang = "en" >

<head >
    <meta charset = "utf - 8" >
    <title > Edu </title >
    <meta name = "viewport" content = "width = device - width, initial - scale = 1, shrink -
to - fit = no, viewport - fit = cover" >
    <link rel = "stylesheet" href = "{{ static_url("css/min.css") }}" >
    <script src = "{{ static_url("js/axios.js") }}" > </script >
    <script src = "{{ static_url("js/vue.js") }}" > </script >
</head >

<body >
    <div >

    {% include "head.html" %}

    <div id = "app"  class = "container main - content" >

        <div class = "row" style = "border:0px;padding - bottom:5rem;" >
            <div class = "col - md - 12 col - lg - 3" style = "background - color: #
f0f0f0;border: 1px solid rgba(0, 0, 0, .125);
    border - radius: 0.25rem;padding:2rem" >
                <ul style = "line - height:3rem;" >

                    <li >审核管理</li >

                </ul >
            </div >

            <div class = "col - 12 col - lg - 9" >

                <div style = "border: 1px solid rgba(0, 0, 0, .125);
                    border - radius: 0.25rem;padding:2rem;"  >

                    <table class = "qgg - table" >
<thead >
<tr >
<th width = "33 % " >课程 id </th >
<th width = "25 % " >课程标题</th >
```

```
<th width="25%">操作</th>
</tr>
</thead>
<tbody>
        <tr v-for="item in courses">
            <td>${item.id}</td><td> <a :href="'/view/?id='+ item.id ">
${item.title}</a></td><td><button>审批通过</button><button>审批拒绝</
button></td>
        </tr>

        </tbody>
</table>
            </div>
            </div>
        </div>
    {% include "foot.html" %}

    </div>
```

这里以超级链接的形式修饰课程标题，方便审核员在线观看课程视频。接着，在审批页面初始化时，请求后端的审核触发接口，获取当前审核员所需审批的课程列表，如下所示：

```
<script>
        const App = {
            data() {
                return {
                    courses:[]
                };
            },
            created: function() {

                this.myaxios("/audit/","post").then(data => {

                  if(data.errcode){

                      alert(data.msg);

                  }else{
                      this.courses = data.data;
                  }

                 });
```

```
            },
            methods: {
            },
        };
const app = Vue.createApp(App);
app.config.globalProperties.myaxios = myaxios;
app.config.globalProperties.axios = axios;
app.config.compilerOptions.delimiters = ['${', '}']
app.mount("#app");

    </script>
```

随后,访问审核页面 http://127.0.0.1:8000/audit/,如图 7-2 所示。

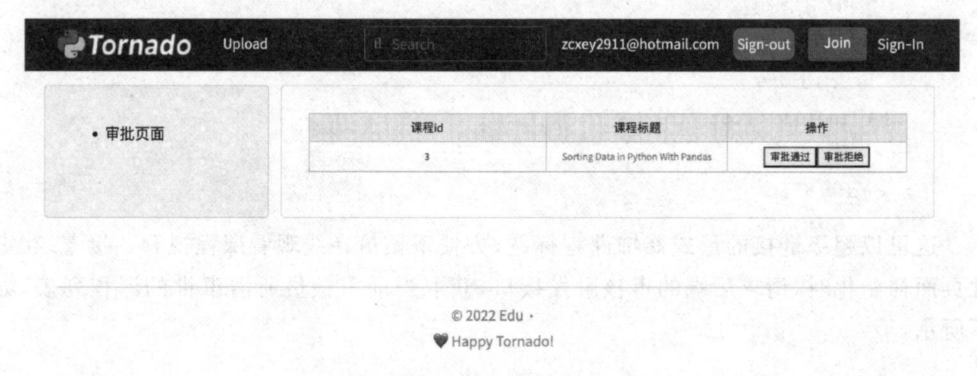

图 7-2 审核页面

至此,被动触发审核任务逻辑就完成了。

7.2.2 主动触发

主动触发审核任务指的是由系统主动将任务队列中的待审课程分配给审核员,相比于被动触发,主动触发从效率上要高于被动触发。实现方式上,主动触发需要 Tornado 构建一个轮询的服务,每隔一段时间从队列中获取课程,然后进行分配。在 app 目录中新建轮询脚本 audit_crontab.py 文件,如下所示:

```
#设置模块路径,否则 app 无法导入
import os, sys
base_path = os.path.dirname(os.path.dirname(os.path.abspath(__file__)))
sys.path.append(base_path)
sys.path.append(os.path.join(base_path,'app'))
from tornado import web,ioloop
from app.base import BaseHandler
from app.models import User,database

class MainHandler(BaseHandler):
```

```
    def get(self):
        self.write('Hello Tornado')

def run():

    print("执行 2s")

if __name__ == '__main__':
    application = web.Application([
        (r'/', MainHandler),
    ])
    application.listen(8001)
    ioloop.PeriodicCallback(run,2000).start()
    ioloop.IOLoop.instance().start()
```

该脚本需要单独设置模块路径,否则无法导入项目的 app 模块。这里利用的是 Tornado 内置的 PeriodicCallback 方法,原理是在 Tornado 的主事件循环中加入了延时操作,通过 timeout 参数来控制轮询的间隔。注意,这里延时间隔参数的单位是毫秒。

随后,我们需要根据审核员的 id 进行分配操作,如下所示:

```
from app.models import User,database,Course
from app.audit import ListQueue
from app.config import redis_link
import aioredis

class MainHandler(BaseHandler):
    def get(self):
        self.write('Hello Tornado')

async def run():

    #获取审核员 id
    users = database.execute(User.select().where( User.role == 3  ))
    for user in users:

        #获取待审课程
        redis = await aioredis.create_redis_pool(redis_link, minsize = 1, maxsize =
10000, encoding = 'utf8')
        lq = ListQueue(redis)
        course_id = await lq.out()
        if course_id:
            course = Course.get(id = course_id)
            course.audit = user[0]
            course.save()
```

逻辑是指在轮询方法内获取到审核员的 id,然后遍历审核员列表,依次触发审核队列的出队方法，随后再进行分配操作，每隔 2 s 会重复上述流程。至此，主动触发审核队列逻辑就完成了。

7.3 审核管理

审核队列中的任务被触发分配后，审核员将会在审核中读取到分配给自己的课程列表，然后依次进行审核动作。

7.3.1 审核操作接口

审核操作分为两种情况：审核通过和审核拒绝。审核通过后，课程才能进行展示，所以首先要在 6.3.3 小节中的课程详情页中添加条件判断语句。只有审核状态为通过的课程才能够进行展示，如下所示：

```
<div class="col-md-10 col-lg-10 article">

{% if course["state"] == 1 %}

<div class="article-body page-body mx-auto">
<h1 class="text-center mb-4">{{ course["title"] }}</h1>
<h4 class="text-center mb-4">观看：{{ views }}</h4>

<div>

    {% if course["vtype"] == 2 %}

    {% raw course["video"] %}

    {% else %}

    <video style="width:100%;" height="500" src='/static/uploads/{{ course["vi
deo"] }}' controls="controls" muted autoplay="autoplay" >
您的浏览器不支持 video 标签。
</video>

    {% end %}

</div>


<div class="text-center" style="display:none;">
<button  class="btn btn-primary btn-lg text-wrap px-5 mt-2 w-100" name="jsSub-
```

```
mitButton" @click = "upload" > add cart </button >
    </div >

    </div >
    {% else %}

        < center >该课程正在审核中..... </center >

        {% end %}
    </div >
```

这里涉及 if 标签的嵌套逻辑，审核状态判断逻辑包含在课程视频判断逻辑外侧，只有审核状态为通过，才会展示该课程视频，如图 7－3 所示。

图 7－3　审核状态判断

接着编写 audit. py 文件，添加审核动作接口，如下所示：

```
@jwt_async()
async def put(self):

    course_id = self.get_argument("id")
    state = self.get_argument("state")

    course = await self.application.objects.get(Course,id = course_id)
    course.state = state
    await self.application.objects.update(course)
    course.save()

    self.finish({"msg":"ok","errcode":0})
```

这里接口接收两个参数，分别是课程 id 和审核状态。异步读取课程信息后对课程的审核状态进行设置，随后在 7.2.1 小节审核页面中添加异步请求逻辑，如下所示：

```
methods: {
    //审核动作
    audit:function(id,state){

        this.myaxios("/audit/","put",{"state":state,"id":id}).then(data = > {alert
```

```
(data.msg);

        });

        }
    }
```

至此,审核操作接口就完成了。

7.3.2 审核管理页面

在审核管理页面,后台用户可以监控审核队列的具体状态,并且根据审核队列的具体运行状态来动态地制订审核计划,以应对不同时间段的审核任务。编写 audit.py 文件,在审核队列类中添加获取审核队列逻辑,如下所示:

```
#审核队列
class ListQueue:

    def __init__(self,redis):
        self.r = redis
        self.key = "listqueue"
    #审核任务入队
    async def push(self,item):
        await self.r.lpush(self.key,item)

    #审核任务出队
    async def out(self):
        #取值
        item = await self.r.rpop(self.key)
        return item

    #审核任务出队(ack)
    async def wait_out(self,timeout = 1):
        #取值
        item = awaitself.r.brpoplpush(self.key,"listqueue_bak",timeout = timeout)

        return item

    #获取审核队列
    async def get_list(self):
        #取值
        items = await self.r.lrange(self.key,0,-1)
```

```
        return items
```

这里通过 Redis 内置的 lrange 方法将审核队列从内存中遍历取出。随后，添加审核队列获取接口，如下所示：

```
#课程队列监控
class AuditList(BaseHandler):

    async def get(self):
        self.render("audit_list.html")

    @jwt_async()
    async def post(self):

        lq = ListQueue(self.application.redis)

        res = await lq.get_list()

        self.finish({"data":res,"errcode":0})
```

通过审核类的实例异步获取审核队列中的课程 id，并且以列表的形式返回给前端。在 templates 目录添加审核管理页面 audit_list.html 文件，如下所示：

```
<!DOCTYPE html>
<html lang="en">

<head>
    <meta charset="utf-8">
    <title>Edu</title>
    <meta name="viewport" content="width=device-width, initial-scale=1, shrink-
to-fit=no, viewport-fit=cover">
    <link rel="stylesheet" href="{{ static_url("css/min.css") }}" >
    <script src="{{ static_url("js/axios.js") }}"></script>
    <script src="{{ static_url("js/vue.js") }}"></script>
</head>

<body>
    <div>

    {% include "head.html" %}

    <div id="app"  class="container main-content">
```

```
            < div class = "row" style = "border:0px;padding - bottom:5rem;" >
                < div class = " col - md - 12 col - lg - 3" style = " background - color: #
f0f0f0;border: 1px solid rgba(0, 0, 0, .125);
        border - radius: 0.25rem;padding:2rem" >
                    < ul style = "line - height:3rem;" >

                        < li > 审核队列 < /li >

                    < /ul >
                < /div >

                < div class = "col - 12 col - lg - 9" >

                    < div style = "border: 1px solid rgba(0, 0, 0, .125);
                        border - radius: 0.25rem;padding:2rem;"   >

                        < table class = "qgg - table" >
    < thead >
    < tr >
    < th width = "33 %" > 课程 id < /th >

    < /tr >
    < /thead >
    < tbody >
            < tr v - for = "item in courses" >
                < td > ${item} < /td >
            < /tr >

            < /tbody >
    < /table >
                < /div >

                < /div >

            < /div >

        {% include "foot.html" %}

        < /div >
```

进入审核管理页面之后,将会实时展示审核队列状态,如图 7-4 所示。

由于审核队列是动态变化的,页面加载之后无法显示最新的队列变化,所以在页面中需要加入轮询逻辑,每隔 2 s 触发异步获取队列接口,如下所示:

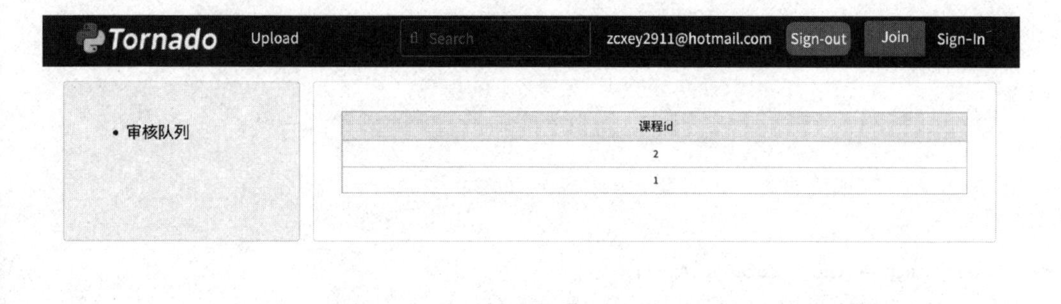

图 7-4　审核队列监控

```
< script >
        const App = {
            data() {
                return {
                    courses:[],
                    pollingST:null
                };
            },
            created: function() {

                this.polling();
            },
            destroyed () {
                clearTimeout(this.pollingST);
            },
            methods: {

                polling:function(){

                    this.myaxios("/auditlist/","post").then(data = > {

                    if(data.errcode){

                        alert(data.msg);

                    }else{
                        this.courses = data.data;
                    }

                    this.pollingST = setTimeout(() = > {
                        clearTimeout(this.pollingST);
                        this.polling();
```

```
                        }, 5000)

                    });

                }

            },

        };

    const app = Vue.createApp(App);
    app.config.globalProperties.myaxios = myaxios;
    app.config.globalProperties.axios = axios;
    app.config.compilerOptions.delimiters = ['${', '}']
    app.mount("#app");

</script>
```

逻辑是在轮询中将定时器用 pollingST 变量记录了下来，每次执行前必须先清除上一个定时器，因为递归的调用是在定时器内部，所以通过清除定时器就能很方便地结束轮询。其效果如图 7-5 所示。

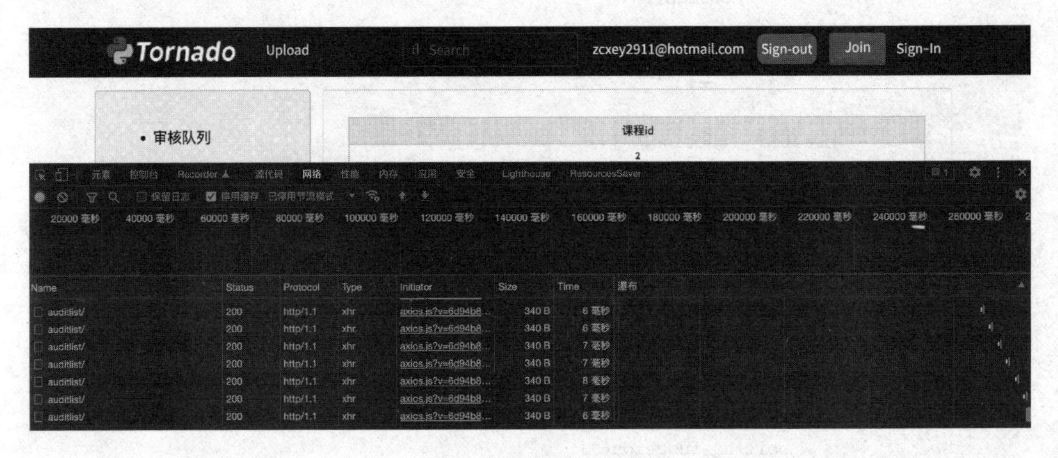

图 7-5　轮询监控

至此，审核管理页面就完成了。

7.3.3　审核任务加权分配

在 7.2.2 小节中，我们通过轮询脚本对审核任务进行了分配，分配方式是轮询调度。轮询调度算法假设所有审核员的处理效率都相同，不关心每个审核员的实际审核状态，当审核请求服务间隔时间变化比较大时，轮询调度算法易导致审核任务分配不平衡。

在实际情况中，由于每名审核员的经验、业务能力等不同，其审核处理能力会不一样。所以，我们根据审核员的不同处理能力，给每个审核员分配不同的权值，使其能够接受相应权值数的审核请求。

这里使用 roundrobin 库，首先运行以下命令进行安装：

```
pip3 install roundrobin
```

假设有两名审核员，根据其审批经验的不同分配任务权重为 3:7，如下所示：

```
import roundrobin
get_weighted = roundrobin.weighted([("1",3), ("2", 7)])
print(".join([get_weighted() for _ in range(10)]))
```

在 10 次审核任务中，分配任务会根据权重来获取审核员 id，结果返回：

```
2222121212
```

根据此逻辑，编写加权分配脚本 audit_weight.py 文件，如下所示：

```
#设置模块路径，否则 app 无法导入
import os, sys
base_path = os.path.dirname(os.path.dirname(os.path.abspath(__file__)))
sys.path.append(base_path)
sys.path.append(os.path.join(base_path,'app'))
from tornado import web,ioloop
from app.base import BaseHandler
from app.models import User,database,Course
from app.audit import ListQueue
from app.config import redis_link
import aioredis
import roundrobin


class MainHandler(BaseHandler):
    def get(self):
        self.write('Hello Tornado')


get_weighted = roundrobin.weighted([("1",3), ("2",7)])


async def run():

    course_id = await lq.out()
    if course_id:
        course = Course.get(id = course_id)
        course.audit = get_weighted()
        course.save()


    if __name__ == '__main__':
```

```
        application = web.Application([
            (r'/', MainHandler),
        ])
    application.listen(8001)
    ioloop.PeriodicCallback(run,10000).start()
    ioloop.IOLoop.instance().start()
```

这里每隔 10 s 取出审核任务，然后使用 get_weighted 方法直接获取加权的审核员 id 进行分配。如此，配合审核队列监控，能够最大化提升审核员的审核效率。

7.4 本章总结

本章完成了课程审核模块的开发，引入了生产者、消费者模型的概念，并且使用任务队列对二者进行了解耦操作，同时利用课程模块中的审核员 id 来进行审核任务的分配和隔离。这样的设计可以通过缓冲区队列概念平衡生产者的生产能力和消费者的消费能力来提升整个审核系统的运行效率，下一章我们将进入课程支付模块的开发。

第 8 章 支付模块

本章我们进入支付模块的开发。对于付费课程，用户需要完成线上支付流程才能在线观看课程内容。支付模块将会省去购物车的环节，转而将“选择课程、选择支付方式”等购物车流程与订单详情合并，让用户做到所选即所得，既缩短了支付路径，还可以非常直观地看到自己选择的服务，以及需要支付的金额。

8.1 课程订单

课程订单是课程线上支付业务中的重要凭证，是会计核算的依据，也是支付双方是否履约的证明。因此，在线上支付系统中，课程订单尤其重要。教育平台一般以线上付费课程为主，不涉及大型仓储管理系统，在订单生成的整体流程上比传统 B2C 行业简单一些。

8.1.1 数据模型

首先，我们来建立订单表的数据模型。编辑 app 目录下的数据模型 models. py 文件，添加订单表，如下所示：

```
#订单表
class Order(BaseModel):

    orderid = peewee.CharField(unique = True,verbose_name = '订单 id', help_text = '订单
id')
    price = peewee.BigIntegerField(default = 0,verbose_name = '订单价格', help_text = '
订单价格')
    uid = peewee.ForeignKeyField(User)
    cid = peewee.ForeignKeyField(Course)
    channel = peewee.IntegerField(default = 1,verbose_name = '支付渠道', help_text = '
支付渠道,1 阿里 2 微信 3Paypal')
    state = peewee.IntegerField(default = 0,verbose_name = '订单状态', help_text = '订
单状态,0 待支付 1 已支付 2 订单关闭')

    class Meta:
        db_table = "order"
```

其中,orderid 字段用来单独存储全局唯一订单 id,区别于系统的自增长字段;price 是订单价格;uid 和 cid 分别为外键到用户表和课程表;channel 是支付渠道;state 表示订单状态。

随后,运行数据库迁移命令建立表,如下所示:

```
if __name__ == "__main__":

    Order.create_table(True)
```

至此,订单的数据模型就建立好了。

8.1.2 生成订单

生成订单的逻辑是,用户在付费课程详情页点击购买按钮进行触发,随后后端接收前端传递的课程 id,查询课程信息后生成订单信息。这里我们需要一个全局唯一的订单号。编写 utils 目录下的 utils.py 文件,添加生成订单号方法,如下所示:

```
def create_order(order_type=1):
    '''
生成订单编号
    :param order_type:类型,根据类型生成不同的订单编号
    :return : 32 位订单编号
    '''
    now_date_time_str = str(
        datetime.datetime.now().strftime('%Y%m%d%H%M%S%f'))
    base_str = '01234567890123456789'
    random_num = ''.join(random.sample(base_str, 6))
    random_num_two = ''.join(random.sample(base_str, 5))
    order_num = now_date_time_str + str(order_type) + random_num + random_num_two
    return order_num
```

这里依据时间戳和随机字符串生成 32 位订单编号。

随后在 app 目录编写 order.py 文件,添加订单生成接口逻辑:

```
class OrderHandler(BaseHandler):
    @jwt_async()
    async def post(self):

        course_id = self.get_argument("id")

        orderid = create_order()

        course = await self.application.objects.get(Course.select().where(Course.id ==
course_id))
```

```
            await self.application.objects.create(Order,orderid = orderid,cid = course.id,
uid = self._current_user.id,price = course.price)

            self.finish({"msg":"ok","errcode":0})
```

接收到课程 id 后，异步查询课程价格，随后通过上文的 create_order 方法生成 32 位的全局唯一订单号，之后异步入库。

接着修改 6.3.3 小节中的课程详情页，添加前端请求逻辑，如下所示：

```
methods:{
    //生成订单
    order:function(){

    this.myaxios("/order/","post",{"id":this.course_id}).then(data = >{

            if(data.errcode){

                alert(data.msg);

            }else{
                alert(data.msg);
            }

        });

    }
},
```

前端异步请求后端订单接口，至此，生成订单逻辑就完成了。

8.1.3 订单管理

订单生成之后，用户可以在订单管理页面查看自己的所有订单数据，同时也可以针对订单进行各种操作。编辑 order.py 文件，添加订单管理逻辑，如下所示：

```
#订单管理
class OrderManage(BaseHandler):

    @jwt_async()
    async def get(self):

        orders = await self.application.objects.execute(Order.select().where(Order.
uid == self._current_user.id))
        orders = [self.application.json_model(x) for x in orders]
```

```
        self.finish({"data":orders,"errcode":0})
```

这里直接通过当前用户的 id 获取订单表数据,避免参数传递带来的安全问题。随后在 templates 目录建立订单管理页面 order.html 文件,如下所示:

```
< ! DOCTYPE html >
< html lang = "en" >

< head >
    < meta charset = "utf - 8" >
    < title > Edu < /title >
    < meta name = "viewport" content = "width = device - width, initial - scale = 1, shrink -
to - fit = no, viewport - fit = cover" >
    < link rel = "stylesheet" href = "{{ static_url("css/min.css") }}" >
    < script src = "{{ static_url("js/axios.js") }}" > < /script >
    < script src = "{{ static_url("js/vue.js") }}" > < /script >
< /head >

< body >
    < div >

    {% include "head.html" %}

    < div id = "app"  class = "container main - content" >

        < div class = "row" style = "border:0px;padding - bottom:5rem;" >
            < div class = "col - md - 12 col - lg - 3" style = "background - color: #
f0f0f0;border: 1px solid rgba(0, 0, 0, .125);
    border - radius: 0.25rem;padding:2rem" >
                < ul style = "line - height:3rem;" >

                    < li > 订单管理 < /li >

                < /ul >
            < /div >

            < div class = "col - 12 col - lg - 9" >

                < div style = "border: 1px solid rgba(0, 0, 0, .125);
                border - radius: 0.25rem;padding:2rem;"  >

                    < table class = "qgg - table" >
< thead >
< tr >
```

```
< th width = "30 % " > 订单 id < /th >
< th width = "5 % " > 状态 < /th >
< th width = "25 % " > 日期 < /th >
< th width = "25 % " > 操作 < /th >
< /tr >
< /thead >
< tbody >
        < tr v - for = "item in orders" >
            < td > $ {item.orderid} < /td >
            < td > $ { state(item.state) } < /td >
            < td > $ {item.create_time} < /td >

            < td >

                < select @change = "change_channel( $ event)" >
                    < option value = "1" > 支付宝 < /option >
                    < option value = "2" > Paypal < /option >
                < /select >

                < button > 支付 < /button >

                < button > 退款 < /button >

            < /td >
        < /tr >

        < /tbody >
< /table >
            < /div >


            < /div >

        < /div >

    { % include "foot.html" % }

    < /div >
```

随后，在订单管理页面添加异步请求后端订单接口逻辑，如下所示：

```
< script >

        const App = {
```

```
            data() {
                return {
                    orders:[],
                    channel:1
                };
            },
            created: function() {

                this.myaxios("/myorders/","get").then(data => {

                  if(data.errcode){

                   alert(data.msg);

                  }else{
                      this.orders = data.data;
                  }

                });
            },
            methods: {
                //订单状态
                state:function(state){
                    if(state==0){
                        return "待支付"
                    }else if(state==1){
                        return "已支付"
                    }else if(state==2){
                        return "已关闭"
                    }
                },
                //支付渠道
                change_channel:function(event){
                    this.channel = event.target.value;
                    console.log(this.channel);
                }
            },
        };
    const app = Vue.createApp(App);
    app.config.globalProperties.myaxios = myaxios;
    app.config.globalProperties.axios = axios;
    app.config.compilerOptions.delimiters = ['${', '}']
    app.mount("#app");

        </script>
```

获取到订单数据后，将数据渲染到页面中。这里使用 Vue. js 的监听方法将订单状态替换为字符串，如图 8－1 所示。

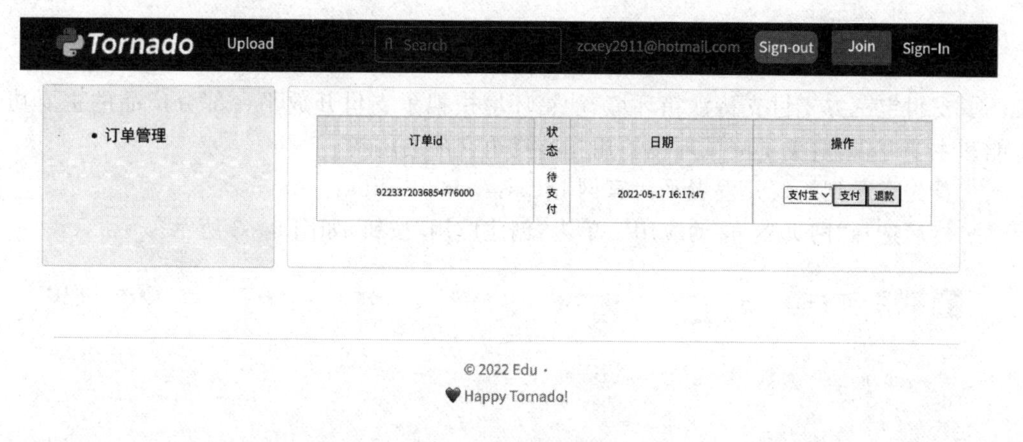

图 8－1 订单管理页面

至此，订单管理页面就完成了。

8.2 三方支付

三方支付是指具备一定实力和信誉保障的独立平台，通过与银联或网联对接而促成交易双方进行交易的线上支付模式。具体流程是，教育平台向第三方平台发起交易请求，用户在第三方平台完成支付，第三方平台通过同步或者异步的方式通知教育平台支付成功，教育平台接到通知后修改订单状态，如图 8－2 所示。

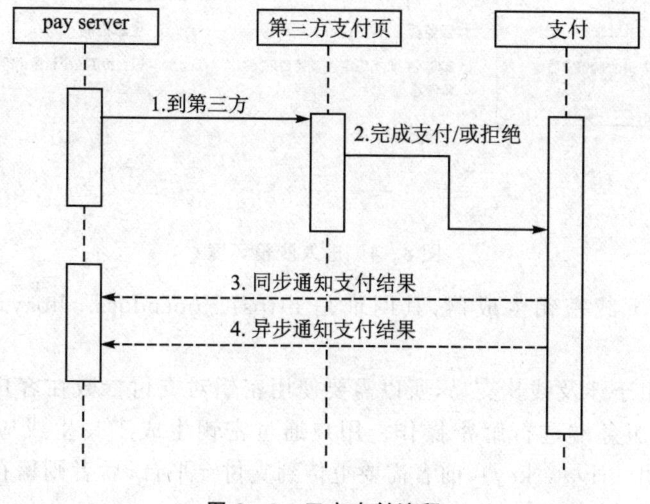

图 8－2 三方支付流程

这里我们以国内使用率相对较高的支付宝三方支付为例，为教育平台的订单支付功能进行支付宝的接入操作。

8.2.1 前期准备

支付宝三方支付支持沙箱环境，沙箱环境模拟了支付开放平台部分产品的主要功能和主要逻辑，避免了测试环境使用真实货币交易的困扰。

首先登录到蚂蚁开发者平台官网 https://open.alipay.com。

然后选择“网页 & 移动应用”，单击“创建应用”按钮，如图 8-3 所示。

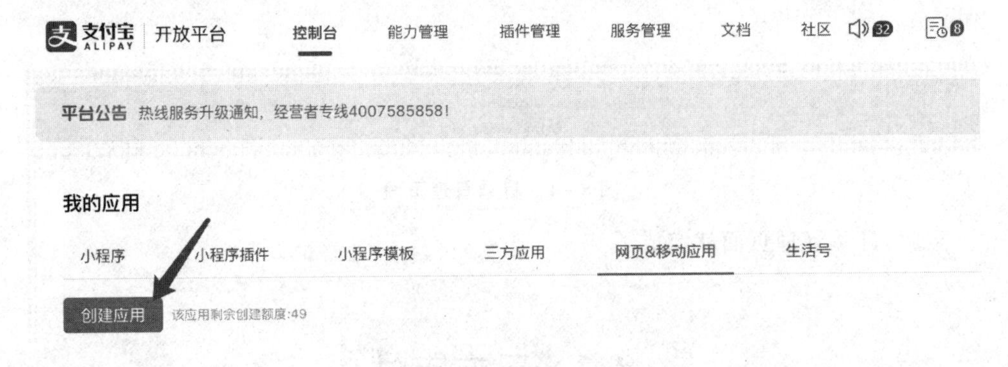

图 8-3 创建支付应用

创建应用成功之后，回到开发者平台首页，进入沙箱环境，如图 8-4 所示。

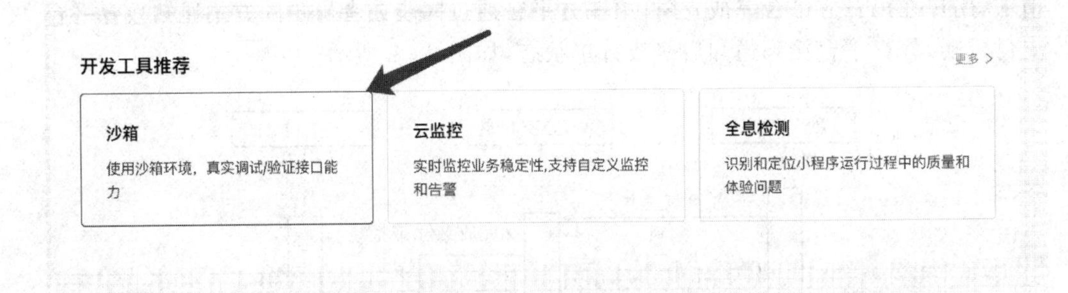

图 8-4 进入沙箱环境

随后，需要下载密钥生成器，其网址是 https://opendocs.alipay.com/common/02kipl。

三方支付由于涉及钱款交易，所以需要使用密钥对支付参数在客户端进行签名加密操作，同时在服务端进行解密操作。用户通过密钥生成工具生成应用公钥(public key)和应用私钥(private key)，前者需要上传到支付宝平台，后者则留存在项目中用来进行签名加密。

打开密钥生成器，密钥长度选择 RSA2，格式选择 PKCS1，单击“生成密钥”按钮，如

图 8－5 所示。

使用说明

密钥长度： RSA2 国密 RSA（不推荐）

密钥格式： PKCS8(JAVA适用) PKCS1(非JAVA适用)

生成密钥 打开密钥文件路径

应用私钥：

MIIEowIBAAKCAQEAjYgitk7V5bcPU4z9duZtbssUuO3BXlaxd+euZdtTHCRHbTflOHmvaGb+PQ/4G+Vs3qyClAmuLvEO/c
SlVxE0a8pKDlJ42EDzZU6ncBC76lKc+P95aGW4+KPAgBlRvnpBiBbesTlLN1oEf9lrk7PhsvwMeAraac/RpNUk/+XokyvMCA
wm9tTYHLrug+RyBiTZX/z9DqvdUAVdWlawq4AAnvkQUAS/1/Ulb6hETftac8/ATdOWDDKXrtxstSjq55Q3AV8lJRfnAxOD1
Ac1piggMijY54296Znq5fM26JuvO6ykgbyhE519Y0ijCUaiLpN8RbBA6EhCHeP+kYob0MjqywlDAQABAoIBABQixi2B0dS40
qlkabs81Vzp76zPxq7PSvhwMdOz/IMldlEHmqjORzJnVMyDNR1i6rZTfL/qlKn1Cdj42RzqCbc8NlUNHrxFoVtMcW30M4gG8
OZMEo3Tyxk00vJln7il1CT0fAJhyE67s+Asoq2E7ht02KFLif973avB113A6/HkFv+4L7XNNuQEPBWLIQW6lr/ryAK/7sXV1DO
34ZJMlq4LeuNc6YgDUFYXUfEY8UMWjAOJdLmMWNN6FlBBBHx76yDMJ/d+EZxHuNHZtpLaWsmbvyoXFaZo+EbpDmE
Z7ZL/STlMXpPF8SfhYuzYsPX1BCl6ixXO4eaoYFwdU8gjWoECgYEAyzz2sO5yuWaAL4TP1dhdh+sSmzisGuacAupO0l2z9
CpZrixHTiXPtUe+2M4RK+SEXkEVS5c/YgysEvZdPZUvH+90et9fOV8Le5wEjldp132XlOYAffrvldcNEizX5ZXrb84V+SQbjsQ
QjT2R66NrAFsHpZPiVFbPlRAXV04/V7ECgYEAskY4EkID+1CObeW7lQRJxrE/08OM13MPPdVzW42q9vrg0Br1pka3Did7Y
BEF5xA7s+vdlWJcPvkzDAkOGa1RcTdGrFy6g9fU7wahOli2OMgoCG5TYSr/mwuRUukA/v8gvyyGCqndY90zLQRivBJoO9l
X8/K144WP4aPG5U6dRTsCgYEAkF6b9o9Lm3u+bwLvCD8MlbLQosadKvbJuCBtlW5CmJ1E2z7E4DRn2aQ/Y47uD7nidX
nSAMJN2f6adVXgYhCJSyw0F9x4ri5f38yyR9K8csDaXoELtHH+UJGMzW5hZssaVW+VmEcX9FA+WbZ04
ayRBJhLnE8PG+ECgYBFKJh3/MQuqoGWgJjUpmU4f2qTbDknG6u+ASBPVBYO2iR8lvjVGHnLM+XYzsHL

复制私钥

应用公钥：

MIIBIjANBgkqhkiG9w0BAQEFAAOCAQ8AMIIBCgKCAQEAjYgitk7V5bcPU4z9duZtbssUuO3BXlaxd+euZdtTHCRHbTflOH
mvaGb+PQ/4G+Vs3qyClAmuLvEO/cSlVxE0a8pKDlJ42EDzZU6ncBC76lKc+P95aGW4+KPAgBlRvnpBiBbesTlLN1oEf9lrk
7PhsvwMeAraac/RpNUk/+XokyvMCAwm9tTYHLrug+RyBiTZX/z9DqvdUAVdWlawq4AAnvkQUAS/1/Ulb6hETftac8/ATdO
WDDKXrtxstSjq55Q3AV8lJRfnAxOD1Ac1piggMijY54296Znq5fM26JuvO6ykgbyhE519Y0ijCUaiLpN8RbBA
0MjqywlDAQAB

复制公钥

上传公钥

图 8－5　生成密钥

紧接着，将应用公钥上传至支付宝页面，如图 8－6 所示。

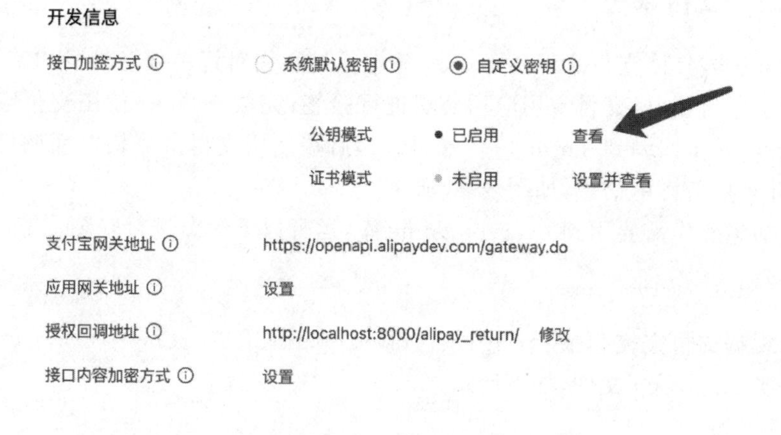

图 8－6　上传应用公钥

现在我们手里有三对密钥，分别是应用公钥、应用私钥和支付宝公钥。应用公钥用来上传至支付宝，支付宝用它来做签名验证；应用私钥放在项目本地，用来做加签处理；支付宝公钥下载到项目本地，用来做支付宝回调时的签名验证操作，所以在页面中需要将支付宝公钥进行下载操作，如图 8－7 所示。

随后，将应用私钥和支付宝公钥保存到项目中的/utils/keys/目录下即可。至此，前期准备工作就完成了。

图 8-7　下载支付宝公钥

8.2.2　支付基类

支付宝三方具体支付流程：Tornado 后端通过私钥对订单信息进行加签操作，随后请求支付宝支付接口，支付宝用应用公钥进行验签；完成支付后，使用支付宝私钥对订单信息加签，异步回调到 Tornado 后端；最后，后端使用支付宝公钥对回调订单信息进行验签，并且更新订单信息，如图 8-8 所示。

这里加签操作需要用到 pycryptodome 库，运行以下命令进行安装：

```
pip3 install pycryptodome
```

随后根据支付宝支付文档（https://docs.open.alipay.com/204），在 utils 目录建立支付基类 alipay.py 文件，如下所示：

```
from datetime import datetime
from Crypto.PublicKey import RSA
from Crypto.Signature import PKCS1_v1_5
from Crypto.Hash import SHA256
from urllib.parse import quote_plus
from urllib.parse import urlparse, parse_qs
from base64 import decodebytes, encodebytes
import json
```

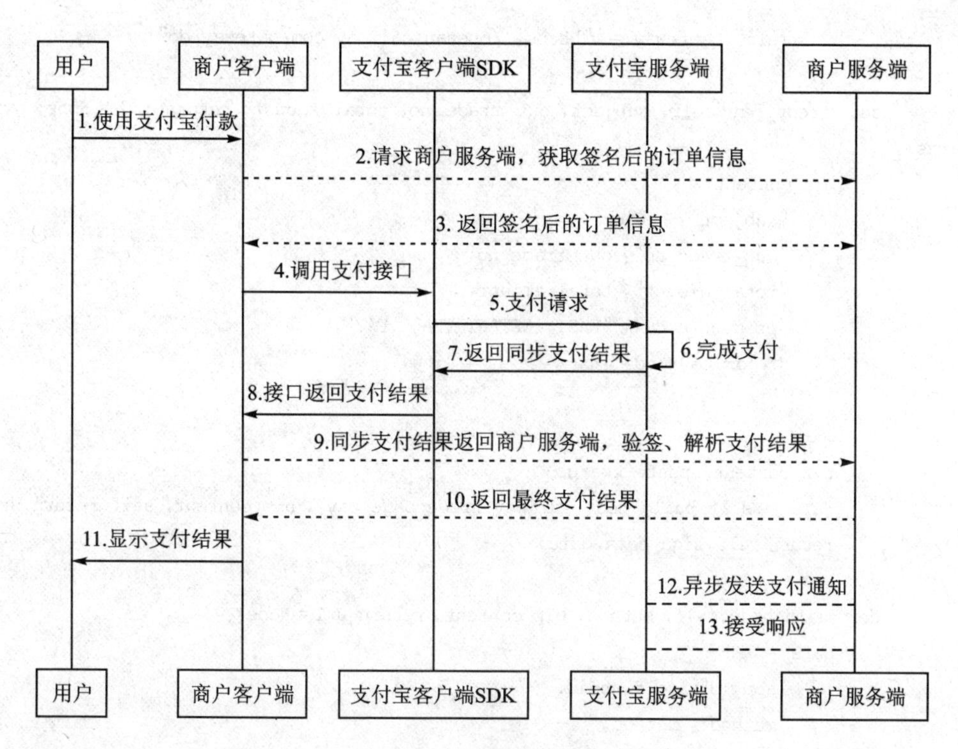

图 8-8　支付宝支付流程

```
class AliPay:
    """
支付宝支付接口(PC 端支付接口)
    """

    def __init__(self, appid, app_notify_url, app_private_key_path,alipay_public_key_
path, return_url, debug=True):
        self.appid = appid
        self.app_notify_url = app_notify_url
        self.app_private_key_path = app_private_key_path
        self.app_private_key = None
        self.return_url = return_url
        with open(self.app_private_key_path) as fp:
            self.app_private_key = RSA.importKey(fp.read())
        self.alipay_public_key_path = alipay_public_key_path
        with open(self.alipay_public_key_path) as fp:
            self.alipay_public_key = RSA.importKey(fp.read())

        if debug is True:
            self.__gateway = "https://openapi.alipaydev.com/gateway.do"
        else:
```

```
            self.__gateway = "https://openapi.alipay.com/gateway.do"

    def direct_pay(self, subject, out_trade_no, total_amount, return_url = None, **kwargs):
        biz_content = {
            "subject": subject,
            "out_trade_no": out_trade_no,
            "total_amount": total_amount,
            "product_code": "FAST_INSTANT_TRADE_PAY",
            # "qr_pay_mode":4
        }

        biz_content.update(kwargs)
        data = self.build_body("alipay.trade.page.pay", biz_content, self.return_url)
        return self.sign_data(data)

    def build_body(self, method, biz_content, return_url = None):
        data = {
            "app_id": self.appid,
            "method": method,
            "charset": "utf-8",
            "sign_type": "RSA2",
            "timestamp": datetime.now().strftime("%Y-%m-%d %H:%M:%S"),
            "version": "1.0",
            "biz_content": biz_content
        }

        if return_url is not None:
            data["notify_url"] = self.app_notify_url
            data["return_url"] = self.return_url

        return data

    def sign_data(self, data):
        data.pop("sign", None)
        #排序后的字符串
        unsigned_items = self.ordered_data(data)
        unsigned_string = "&".join("{0}={1}".format(k, v) for k, v in unsigned_items)
        sign = self.sign(unsigned_string.encode("utf-8"))
        # ordered_items = self.ordered_data(data)
        quoted_string = "&".join("{0}={1}".format(k, quote_plus(v)) for k, v in unsigned_items)
```

```
        #获得最终的订单信息字符串
        signed_string = quoted_string + "&sign=" + quote_plus(sign)
        return signed_string

    def ordered_data(self, data):
        complex_keys = []
        for key, value in data.items():
            if isinstance(value, dict):
                complex_keys.append(key)

        #将字典类型的数据 dump 出来
        for key in complex_keys:
            data[key] = json.dumps(data[key], separators=(',', ':'))

        return sorted([(k, v) for k, v in data.items()])

    def sign(self, unsigned_string):
        #开始计算签名
        key = self.app_private_key
        signer = PKCS1_v1_5.new(key)
        signature = signer.sign(SHA256.new(unsigned_string))
        # base64 编码,转换为 unicode  表示移除并回车
        sign = encodebytes(signature).decode("utf8").replace("\n", "")
        return sign

    def _verify(self, raw_content, signature):
        #开始计算签名
        key = self.alipay_public_key
        signer = PKCS1_v1_5.new(key)
        digest = SHA256.new()
        digest.update(raw_content.encode("utf8"))
        if signer.verify(digest, decodebytes(signature.encode("utf8"))):
            return True
        return False

    def verify(self, data, signature):
        if "sign_type" in data:
            sign_type = data.pop("sign_type")
        #排序后的字符串
        unsigned_items = self.ordered_data(data)
        message = "&".join(u"{}={}".format(k, v) for k, v in unsigned_items)
        return self._verify(message, signature)
```

该支付基类可以返回支付宝的支付实例,默认访问沙箱环境的支付接口。

8.2.3 支付接口

现在编写支付接口逻辑,在 app 目录下建立 pay.py 文件,如下所示:

```
from utils.alipay import AliPay
import os
BASE_DIR = os.path.dirname(os.path.dirname(os.path.abspath(__file__)))
class AlipayHandler(BaseHandler):

    def __init__(self, *args, **kwargs):

        super(BaseHandler,self).__init__(*args, **kwargs)

        self.alipay = self.get_ali_object()

    def get_ali_object(self):

        #沙箱环境地址:https://openhome.alipay.com/platform/appDaily.htm? tab=info
        app_id = "2016092600603658"  #  APPID(沙箱应用)
        #异步通知
        notify_url = site_domain+"/alipay_return"
        #支付完成后,跳转的地址
        return_url = notify_url
        merchant_private_key_path = os.path.join(BASE_DIR, 'utils/keys/app_private_
2048.txt')                                                              #应用私钥
        alipay_public_key_path = os.path.join(BASE_DIR, 'utils/keys/alipay_public_2048.
txt')                                                                 #支付宝公钥

        alipay = AliPay(
            appid=app_id,
            app_notify_url=notify_url,
            return_url=return_url,
            app_private_key_path=merchant_private_key_path,
            alipay_public_key_path=alipay_public_key_path,
                                                  #支付宝公钥,验证支付宝回传消息时使用
            debug=True,
        )
        return alipay
```

这里将支付基类以模块方式导入,在支付类的初始化方法里获取到支付实例,同时传入密钥文件以及回调地址等参数。注意,初始化方法中需要使用 super 关键词先初始化父类属性。

随后，在支付宝支付类中添加支付接口逻辑，如下所示：

```
async def get(self):

    orderid = self.get_argument("orderid")
    order = await self.application.objects.get(Order.select().where(Order.orderid ==
orderid))
    query_params = self.alipay.direct_pay(
        subject = order.cid.title,
        out_trade_no = orderid,
        total_amount = order.price,
    )
    pay_url = "https://openapi.alipaydev.com/gateway.do?{0}".format(query_params)
                                                    # 支付宝网关地址(沙箱应用)
        self.redirect(pay_url)
```

该方法获取到前端传递的订单 id 之后，异步查询订单信息，随后调用支付基类的支付方法，将订单信息传入并拼接好支付地址，再通过 Tornado 的重定向方法——redirect 方法，进行跳转。

随后修改 8.1.3 小节中的订单管理页面，添加异步请求逻辑，如下所示：

```
//支付
pay:function(orderid){
        window.location.href = "/pay/?orderid=" + orderid;
},
```

接着单击"支付"按钮进行访问，跳转后输入沙箱环境的支付宝账号和密码，如图 8-9 所示。

图 8-9 登录沙箱支付宝账号

登录后，输入沙箱环境的支付密码，如图 8-10 所示。

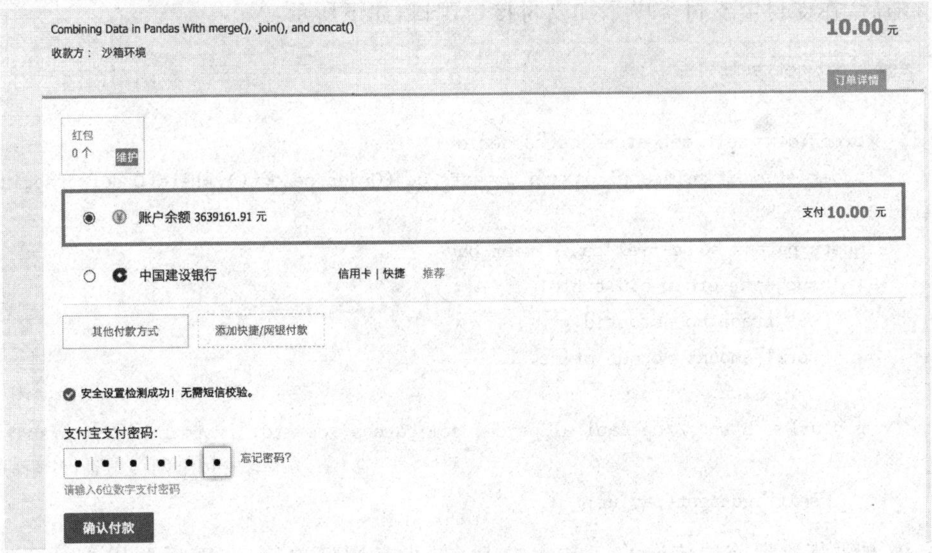

Combining Data in Pandas With merge(), .join(), and concat()
收款方： 沙箱环境
10.00 元
订单详情
红包
0个 维护
账户余额 3639161.91 元
支付 10.00 元
中国建设银行 信用卡 | 快捷 推荐
其他付款方式 添加快捷/网银付款
安全设置检测成功！无需短信校验。
支付宝支付密码:
忘记密码?
请输入6位数字支付密码
确认付款

图 8-10 输入沙箱支付密码

随后，继续编写 pay.py，添加回调逻辑，如下所示：

```
#回调方法
class AlipayBack(BaseHandler):
    async def get(self):
        orderid = self.get_argument("out_trade_no")
        order = await self.application.objects.get(Order.select().where(Order.orderid ==
orderid))
        order.state = 1
        await self.application.objects.update(order)
        order.save()
        self.redirect("/order/")
```

支付宝会以同步方式回调到指定的接口，同时传递 out_trade_no 参数，也就是订单 id。接口获取到参数之后，异步修改订单状态为已支付，接着再使用 redirect 方法重定向回到订单管理页面，如图 8-11 所示。

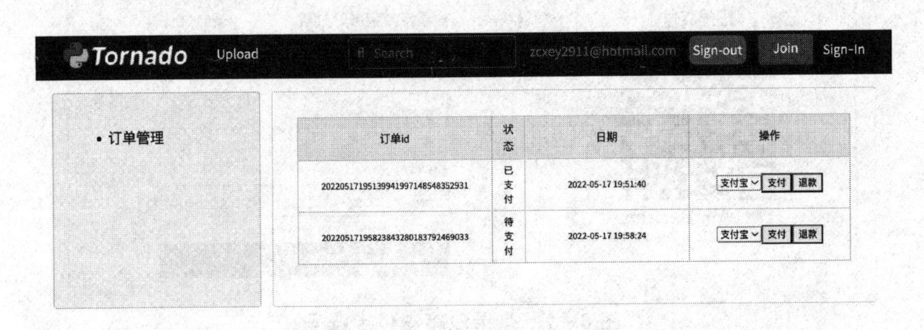

图 8-11 重定向到订单管理

至此，支付宝三方支付流程就完成了。

8.2.4 退 款

支付流程完成之后，用户有可能对课程内容并不满意，此时可以发起退款申请。根据支付宝退款接口的官方文档 https://opendocs.alipay.com/apis/api_1/alipay.trade.refund，修改 utils 目录的支付基类 alipay.py 文件，增加退款方法逻辑，如下所示：

```
#请求支付宝退款接口
async def api_alipay_trade_refund(self, refund_amount, out_trade_no = None, trade_no = None, **kwargs):
    biz_content = {
        "refund_amount": refund_amount
    }
    biz_content.update(**kwargs)
    if out_trade_no:
        biz_content["out_trade_no"] = out_trade_no
    if trade_no:
        biz_content["trade_no"] = trade_no
            data = self.build_body("alipay.trade.refund", biz_content)
            url = self.__gateway + "?" + self.sign_data(data)
            res = await httpclient.AsyncHTTPClient().fetch(url,method='GET',validate_cert=False,connect_timeout=30.0, request_timeout=30.0)
            res = json.loads(res.body.decode())
            return res
```

由于退款逻辑需要发起 Http，所以退款方法需要声明为异步方法，同时请求方法也必须使用 Tornado 内置的异步请求库 httpclient。退款方法需要两个参数：订单 id 和退款金额。订单 id 可以传教育平台订单号或者支付宝订单号，这里统一使用教育平台的订单 id，以免发生混淆。

随后编写 pay.py，添加退款接口，如下所示：

```
#退款
async def post(self):


    orderid = self.get_argument("orderid")
    order = await self.application.objects.get(Order.select().where(Order.orderid == orderid))
    alipay = self.get_ali_object()
    #调用退款方法
    res = await alipay.api_alipay_trade_refund(
        out_trade_no = orderid,
```

```
        refund_amount = order.price,)
    if res["alipay_trade_refund_response"]["code"] == "10000":

        order.state = 3
        await self.application.objects.update(order)
        order.save()
    self.finish({"msg":"ok","errcode":0})
```

获取前端传递的订单 id 之后，异步查询订单信息，随后再异步调用退款方法。请求支付宝接口后判断 code 状态码，如果退款成功，就异步修改订单状态为已退款。

继续修改 8.1.3 小节中的订单管理页面，添加退款请求，如下所示：

```
//退款
refund:function(orderid){

    this.myaxios("/pay/","post",{"orderid":orderid}).then(data => {alert(data.msg);});
},
```

单击“退款”按钮后，金额就会返回支付宝账户，平台订单状态也会进行更新，如图 8-12 所示。

• 订单管理

订单id	状态	日期	操作
20220517195139941997148548352931	已退款	2022-05-17 19:51:40	支付宝 支付 退款
20220517195823843280183792469033	待支付	2022-05-17 19:58:24	支付宝 支付 退款

图 8-12　退款管理

至此，支付宝的退款流程就完成了。

8.3　跨境支付

跨境支付是指两个或者两个以上国家或地区之间的交易行为。教育平台的一部分用户可能来自境外，不具备人民币支付手段，而跨境支付平台可以帮助这部分用户使用国际货币来支付课程费用。这里以 PayPal 跨境支付平台为例，为教育平台接入跨境支付接口。

8.3.1 前期准备

和支付宝三方支付平台一样，PayPal 平台也支持沙箱环境。

首先，登录 PayPal 开发者平台 https://developer.paypal.com/developer/accounts/，系统默认创建两个账号，一个是商户的，另一个是个人的，个人账户可以用来进行线上支付，如图 8-13 所示。

Sandbox Accounts:

Total Accounts: 3

Create bulk accounts | Create account

Account name	Type	Country	Date created	Manage accounts
sb-ivyc12176791@business.example.com	Business	C2	11 Jun 2020	...
sb-kakth2259854@personal.example.com DEFAULT	Personal	C2	11 Jun 2020	...
sb-ktwji2261299@business.example.com DEFAULT	Business	C2	11 Jun 2020	...

Total records: 3

图 8-13 支付账号

随后进入应用管理页面 https://developer.paypal.com/developer/applications/，记录支付应用的 id 和密钥，如图 8-14 所示。

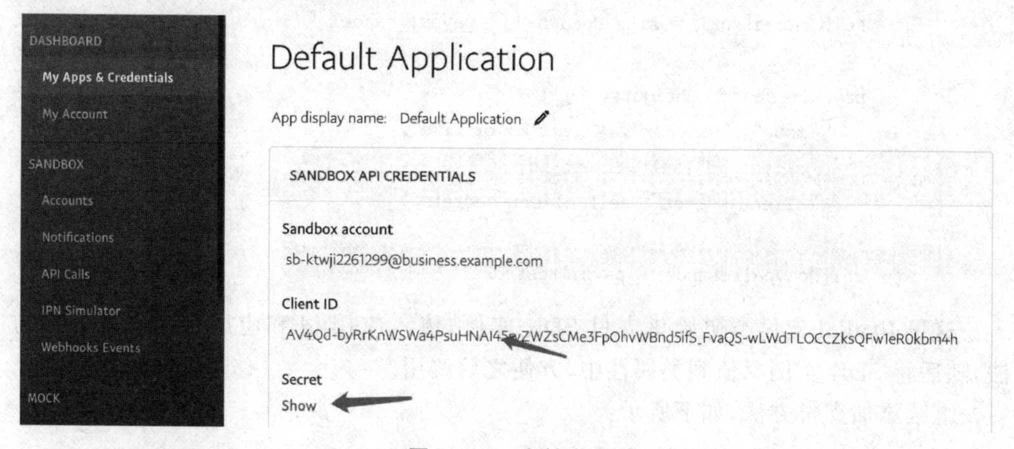

图 8-14 支付应用

做完了这些，需要安装 PayPal 官方提供的 SDK 支付库 paypalrestsdk，如下所示：

```
pip3 install paypalrestsdk
```

和支付宝三方支付不同，PayPal 我们使用 SDK 的接入方式。SDK 可以理解为官方为我们封装好的支付基类，功能全部封装好，不需要自主研发。

至此，前期准备工作就完成了。

8.3.2 支付类

PayPal 支付的流程和支付宝略有不同。首先,PayPal 并不需要公私钥加签的逻辑,而是直接使用单密钥进行安全验证,然后直接在三方平台创建订单;订单创建好之后,跳转到三方平台进行支付;支付成功后回跳到教育平台,带回两个参数,分别是订单 id 和支付者 id。在回调接口中,需要通过支付者 id 对支付订单确认,才能完成整个支付流程。

编辑 pay.py 文件,构建 PayPal 支付类,如下所示:

```
import paypalrestsdk

# Paypal 支付类

class Paypal:

    def __init__(self):

        self.client_id = "AV4Qd - byRrKnWSWa4PsuHNAI45rvZWZsCMe3FpOhvWBnd5ifS_FvaQS -
wLWdTLOCCZksQFw1eR0kbm4h"
            self. client _ secret  =  " ECRo9sXE2D2F7JMe8JOKKHIOpYdDNwrQCIi4IIoxBZRpPQdk _
PhqS1jokMtJ34QZlt_KlrmWTJJwqcO3"
        self.return_url = site_domain + "/paypal_back/"
        self.cancel_url = site_domain + "/paypal_cancel/"

        paypalrestsdk.configure({
            "mode": "sandbox", # sandbox or live
            "client_id":self.client_id,
            "client_secret": self.client_secret })

        self.paypalrestsdk = paypalrestsdk
```

这里 PayPal 支付类初始化支付 SDK 实例,传入应用 id 和应用密钥以及回调方法,随后将 SDK 实例赋值到类属性中,方便之后调用。

继续添加支付方法,如下所示:

```
async def pay(self,price,currency,title):

    payment = paypalrestsdk.Payment({
        "intent": "sale",
        "payer": {
            "payment_method": "paypal"},
        "redirect_urls": {
            "return_url": self.return_url,
```

```
            "cancel_url": self.cancel_url
        },
        "transactions": [{
            "amount": {
                "total": price,
                "currency": currency},
            "description": title}]})
            if payment.create():
                for link in payment.links:
                    if link.rel == "approval_url":
                        approval_url = str(link.href)
                        return payment["id"],approval_url
            else:
                print(payment.error)
                return False
```

支付方法声明为异步方式,需要传入订单价格、订单币种以及课程标题,使用 payment.create 方法创建 PayPal 订单。如果订单创建成功,那么订单 id 和订单地址会返回;如果出现异常,那么可以通过 payment.error 属性来查看具体异常信息。

至此,支付类构建就完成了。

8.3.3 支付接口

编写 pay.py 文件,创建 PayPal 支付接口逻辑,如下所示:

```
# PayPal 支付接口
class PaypalHandler(BaseHandler):

    async def get(self):

        orderid = self.get_argument("orderid")
        order = await self.application.objects.get(Order.select().where(Order.orderid ==
orderid))

        #汇率转换
        usd = float(order.price) / 6.74
        pp = Paypal()
        res = await pp.pay(str(round(usd,2)),"USD",order.cid.title)

        if res:
            #记录订单号
            await self.application.redis.set(orderid,res[0])
            await self.application.redis.set(res[0],orderid)
            self.redirect(res[1])
```

```
        else:
            self.finish({"msg":"支付失败","errcode":1})
```

这里首先获取到教育平台的订单 id,异步查询订单信息后,将订单价格通过汇率换算转换为美元,随后调用支付方法。如果 PayPal 订单信息创建成功,则使用 Redis 数据库保存 PayPal 订单的信息。接着,利用重定向方法(self. redirect)跳转到 PayPal 订单的支付地址。这里使用 Paypal 的沙箱支付账号登录支付平台,如图 8-15 所示。

单击“登录”按钮之后确认订单信息,即可进行支付操作,如图 8-16 所示。

图 8-15　登录 PayPal 支付账号

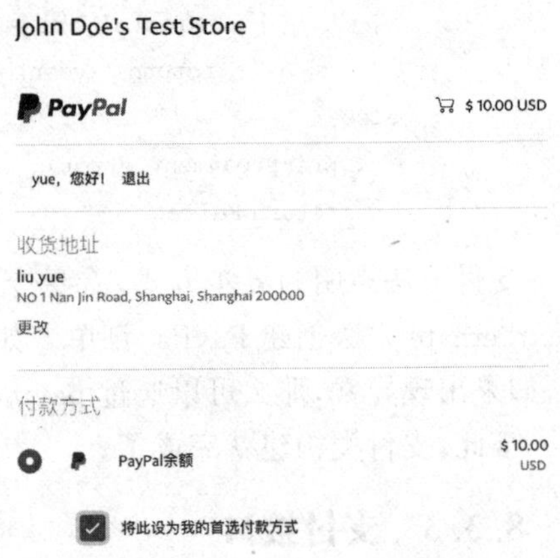

图 8-16　PayPal 沙箱支付

支付完成之后,PayPal 平台会携带订单 id 和支付者 id 回跳到教育平台的回调接口中。编写 pay. py 文件,添加回调接口逻辑,如下所示:

```
# PayPal 回调
class PaypalBack(BaseHandler):

    async def get(self):

        paymentId = self.get_argument("paymentId")
        PayerID = self.get_argument("PayerID")

        pp = Paypal()
        payment = pp.paypalrestsdk.Payment.find(paymentId)

        if payment.execute({"payer_id": PayerID}):
            self.finish({"msg":"支付成功","errcode":0})
        else:
            print(payment.error)
            self.finish({"msg":"支付失败","errcode":1})
```

回调接口获取到 Paymentid 和 Payerid 后，通过上一小节中的支付类实例来确认订单，确认成功后即走完了整个 PayPal 支付流程。

8.3.4 退 款

PayPal 的退款逻辑相对支付宝要复杂一些。首先需要通过订单 id 获取到交易流水号，然后再通过流水号进行退款操作。编写 8.3.2 小节中的支付类，添加退款方法，如下所示：

```
from paypalrestsdk import Sale
    #退款方法
    async def refund(self,paymentId):

        payment = self.paypalrestsdk.Payment.find(paymentId)
        sale = Sale.find(payment["transactions"][0]["related_resources"][0]["sale"]
["id"])

        refund = sale.refund({
            "amount":{
                "total":payment["transactions"][0]["related_resources"][0]["sale"]
["amount"]["total"],
                "currency":"USD"}})

        # Check refund status
        if refund.success():
            return True
        else:
            print(refund.error)
            return False
```

首先通过 Payment.find()方法查询到流水号和订单价格，然后再通过 Sale 实例中的 refund 方法完成退款操作。随后修改 pay.py 文件，添加退款接口逻辑，如下所示：

```
# PayPal 支付接口
class PaypalHandler(BaseHandler):

    #退款
    async def post(self):

        orderid = self.get_argument("orderid")

        paymentId = self.application.redis.get(orderid)

        pp = Paypal()
```

```
        res = await pp.refund(paymentId)

        if res:

            self.finish({"msg":"退款成功","errcode":0})
        else:
            self.finish({"msg":"退款失败","errcode":1})
```

这里需要注意的是，先通过教育平台订单 id 获取 PayPal 订单 id。因为在 8.3.3 小节中已经在 Redis 内建立好了对应关系，所以直接通过教育平台订单 id 作为 key 就可以获取 PayPal 订单 id。随后请求支付类的 refund 方法进行退款操作。

至此，退款逻辑就完成了。

8.4 订单轮询

在线上支付业务中经常会有一些轮询监控订单的场景，尤其是作为教育平台，往往接入多种支付渠道，需要轮询渠道交易结果或者为避免支付渠道单边账的情况。具体逻辑是：当订单发起支付请求后，每隔一段时间通过三方支付接口来查询订单状态，如果订单出现异常或者迟迟未支付成功，就将该订单进行关闭操作。

8.4.1 延时队列

不同于 7.2.2 小节中的审核队列轮询逻辑，这里对订单的轮询更加细化，因为每个订单的创建时间和支付时间都不同，如果将全部订单都做遍历操作查询订单状态，会消耗大量的系统资源，所以需要针对每个订单做定制化轮询操作。这里我们使用延时队列。

延时队列，顾名思义，就是将处理按一定的要求延迟执行，针对上述需求，可以在判断依赖记录未满足时延迟一段时间后再执行。另外，延迟队列也可以处理诸如针对每个未付款的订单，单位时间后提醒或者关闭这种与记录实例相关的定时任务。

这里我们还是使用 Redis 的有序集合来实现。其原理是：利用有序集合中的 zrangebyscore 方法，通过每次请求的时间间隔人为地构建一个延时窗口，窗口会根据时间的流逝进行后移，进入延时队列的订单就会根据延时的时间点不同而依次进入时间窗口，从而达到出队查询状态的效果。在 utils 目录添加 delayqueue.py 文件，添加延时队列逻辑，如下所示：

```
import time

class DelayQueue:
```

```
    def __init__(self,redis):

        self.key = "delayqueue"
        self.r = redis

    #入队逻辑
    async def push(self,id,delay = 0):

        print("延时队列入队,%s秒后执行查询%s订单的任务" %(delay,id))

        await self.r.zadd(self.key,{id:time.time() + delay})

    #出队逻辑
    async def out(self):

        #起始位置
        min_score = 0

        #区间结束为止
        max_score = time.time()

        #获取队列
        res = await self.r.zrangebyscore(self.key,min_score,max_score,count = 1,off-
set = 0,withsc ores = False)

        if res == None:

            print("暂无延时任务")

            return False

        if len(res) == 1:

            print("延时任务到期,返回执行任务的id%s" % res[0])

            return res[0]

        else:

            print("延时任务没有到时间")

            return False
```

延时队列入队时，将订单 id 和延时时间写入有序集合；出队时，通过当前时间的时间戳来控制时间窗口获取订单 id。如此，延时队列就构建完成了。

8.4.2 订单查询

有了延时队列，还需要有接口对订单状态进行查询。修改 8.2.2 小节中的支付宝基类，添加订单查询逻辑，如下所示：

```
#查询订单状态方法
async def api_alipay_trade_query(self,out_trade_no = None, * * kwargs):
        biz_content = {
            "out_trade_no": out_trade_no
        }
        biz_content.update( * * kwargs)

        data = self.build_body("alipay.trade.query", biz_content)
        url = self.__gateway + "?" + self.sign_data(data)
        res = await httpclient.AsyncHTTPClient().fetch(url,method = 'GET',validate_
cert = False,connect_timeout = 30.0, request_timeout = 30.0)
        res = json.loads(res.body.decode())
        return res
```

这里的逻辑是根据支付宝统一下单查询接口文档 https://opendocs.alipay.com/apis/api_1/alipay.trade.query? scene=23，传入参数订单 id，返回订单具体支付信息。

随后编辑 order.py 文件，添加订单查询类，如下所示：

```
#订单状态查询
class OrderQuery:

    def __init__(self):

        self.alipay = self.get_ali_object()

    async def query(self,orderid):

        alipay = self.alipay
        #调用查询方法
        res = await alipay.api_alipay_trade_query(
            out_trade_no = orderid,
        )

        print(res)

    #支付宝支付实例
```

```
    def get_ali_object(self):

        #沙箱环境地址:https://openhome.alipay.com/platform/appDaily.htm?tab=info
        app_id = "2016092600603658"  #  APPID(沙箱应用)
        #异步通知
        notify_url = site_domain + "/alipay_back/"
        #支付完成后跳转的地址
        return_url = notify_url
        merchant_private_key_path = os.path.join(BASE_DIR, 'utils/keys/app_private_
2048.txt')                                                              #应用私钥
        alipay_public_key_path = os.path.join(BASE_DIR, 'utils/keys/alipay_public_
2048.txt')                                                              #支付宝公钥

        alipay = AliPay(
            appid = app_id,
            app_notify_url = notify_url,
            return_url = return_url,
            app_private_key_path = merchant_private_key_path,
            alipay_public_key_path = alipay_public_key_path,
                                         #支付宝公钥,验证支付宝回传消息时使用
            debug = True,
        )
        return alipay
```

通过异步 query 方法来获取订单状态。

8.4.3 轮询服务

最后,还是使用 Tornado 内置的 PeriodicCallback 方法构建轮询服务,逻辑是每隔 2 s 轮询一次延时队列,延时队列随即触发出队方法,检查入队订单的轮询时间是否到期,如果到期就关闭订单。在 app 目录新建 order_crontab.py 文件,如下所示:

```
#设置模块路径,否则 app 无法导入
import os, sys
base_path = os.path.dirname(os.path.dirname(os.path.abspath(__file__)))
sys.path.append(base_path)
sys.path.append(os.path.join(base_path,'app'))
from tornado import web,ioloop
from app.base import BaseHandler
from app.models import Order
from app.order import OrderQuery
from app.config import redis_link
from utils.delayqueue import DelayQueue
import aioredis
```

```
class MainHandler(BaseHandler):
    def get(self):
        self.write('Hello Tornado')

async def run():

    redis = await aioredis.create_redis_pool(redis_link, minsize=1, maxsize=10000,
encoding='utf8')

    dq = DelayQueue(redis)

    res = await dq.out()

    if res:
        oq = OrderQuery()
        order = await oq.query(res[0])
        print(order)


    if __name__ == '__main__':
        application = web.Application([
            (r'/', MainHandler),
        ])
    application.listen(8001)
    ioloop.PeriodicCallback(run,2000).start()
    ioloop.IOLoop.instance().start()
```

至此,订单轮询监控逻辑就完成了。

8.5 本章总结

本章完成了课程订单的生成逻辑,以及针对课程订单的三方支付接入。分别接入了国内的支付宝和国外的 PayPal,采用了 API 和 SDK 两种不同的接入方式,同时引入了延时队列的概念,对订单进行轮询监控,提升了支付系统的健壮性。下一章,我们将会进入消息推送系统和客服模块的开发。

第9章　消息推送与客服

本章我们进入消息推送系统与在线客服系统的开发。随着网络技术的发展，用户对于系统消息的实时推送要求也越来越高，比如，在教育平台内部，无论是课程的发布还是课程的审核，都需要将操作结果主动、实时地传送到浏览器端，而不需要用户手动刷新页面，所以，本章中的消息推送系统将会具备全双工实时通信的特点。

9.1　Websocket 协议

在前几章的内容中，前端和后端通信主要依赖异步 http 请求，但是这样的通信方式有一个缺陷，那就是请求只能由前端发起。举例来说，如果我们想了解课程内容是否审核通过，只能是前端向后端发出请求，后端返回审核结果。传统 http 协议做不到后端主动向前端推送信息。这种单向请求的特点，注定了如果后端有连续的操作结果，前端要获知就非常困难的问题。

Websocket 是一种不同于传统 http 的协议，它可以在多次通信过程中不中断链接，从而使通信双方建立起一个保持在活动状态的链接通道。一旦前端与后端之间建立起 Websocket 协议的通信链接，之后所有的通信都将依靠这个专用协议进行，通信过程中可互相发送 JSON、XML、HTML 或图片等任意格式的数据。由于是建立在 http 基础上的协议，因此链接的发起方仍是前端，而一旦确立 Websocket 通信链接，不论后端还是前端，任意一方都可直接向对方发送数据，十分便捷。

9.1.1　Tornado 实现 Websocket

Tornado 搭建 Websocket 服务非常方便，其提供支持 Websocket 协议的模块是 tornado.websocket，其中有一个 WebsocketHandler 类用来处理通信。

新建消息模块 msg.py 文件，如下所示：

```
import tornado.websocket

clients = set()

class WebSocketHandler(tornado.websocket.WebSocketHandler):

    def check_origin(self, origin):
```

```
            return True

    def open(self):
        clients.add(self)

    def on_close(self):
        clients.remove(self)

    def on_message(self, message):            # 收到消息时被调用
        print("received a message: %s" % (message))

urlpatterns = [

    url('/websocket/',WebSocketHandler),
]
```

首先我们建立一个 clients 集合，它负责将链接上的客户端对象保存起来。当一个新的 Websocket 链接建立时，Tornado 框架会调用 open 方法将链接对象保存起来；建立 Websocket 链接后，当收到来自客户端的消息时，Tornado 框架会调用 on_message 方法进行处理(这里我们接收消息时会将其打印出来)；当 Websocket 链接被关闭时，Tornado 框架会调用 on_close 方法将关闭链接的对象删除。Websocket 协议也会受到浏览器同源策略的影响，所以需要 chekorigin 方法来实现跨域请求，如此，一个简单的 Websocket 服务就搭建好了。

9.1.2 Vue.js 链接 Websocket

在前端我们使用的是 Vue.js 框架，通过它也可以很方便地链接上后端的 Websocet 服务，由于用户可能停留在教育平台的任何页面中，所以需要在一个公共模块中建立 Websocet 链接。编辑头部模板 head.html，如下所示：

```
created: function() {

    if ("WebSocket" in window) {
        console.log("您的浏览器支持 Websocket!");
        //打开一个 Websocket
        var ws = new WebSocket("ws://localhost:8000/websocket/");
        ws.onopen = function () {
            // Websocket 已链接上，使用 send 方法尝试发送数据
            ws.send("test");
        };
        //监听服务端是否有消息发送过来，当有消息时执行方法
        ws.onmessage = function (evt) {
            //获取服务器发来的消息
```

```
        var received_msg = evt.data;
            //显示消息
            console.log("收到消息:" + received_msg)
            };
    //关闭页面或其他行为导致与服务器断开链接时执行
    ws.onclose = function () {
            //关闭 Websocket
            console.log("链接已关闭...");
    };
    } else {
        //浏览器不支持 Websocket
        console.log("您的浏览器不支持 Websocket!");
    }
},
```

这里在 Vue.js 的初始化方法 created 中通过前端的 Websocket 对象建立链接，链接成功后调用 onopen 方法，建立链接后通过 onmessage 方法获取服务器发过来的消息，关闭页面或者其他行为导致链接中断会调用 onclose 方法。

当前后端的 Websocket 链接建立起来后，该链接会保持一段时间并不断开，同时浏览器会采用 101 状态代码标识 http 协议已经切换到了 Websocket 协议，如图 9-1 所示。

图 9-1　建立 Websocket 链接

至此，Vue.js 在前端通过 Websocket 协议链接后端 Tornado 服务就完成了。

9.1.3　Websocket 认证

Websocket 协议的持久化链接虽然在交互体验和性能等方面更优于传统 http 请求，但安全层面的因素也是我们必须关注的问题。关于安全可能有一个误区：如果用户通过了 5.2.5 小节中的 JWT 认证，那么建立的 Websocket 链接也是经过认证的。实际上，这是两个完全不同的通道，Websocket 链接需要建立自己的认证体系。

前端发起链接时，可以通过参数将存储在 Localstorage 的 token 传递给后端 Websocket 服务。编辑 head.html 文件，如下所示：

```
var ws = new WebSocket("ws://localhost:8000/websocket/?token=" + localStorage.getItem("token"));
        ws.onopen = function () {
            // Websocket 已链接上，使用 send 方法尝试发送数据
            ws.send("hello");
        };
```

这里通过 url 将 token 传递给后端。

后端 Websocket 服务接收 token 并且做判断，如下所示：

```
def open(self):
        token = self.get_argument("token",None)
        if not token or token == "null":
            self.close(code = 1002,reason = "身份认证信息未提供。")
            return
```

如果用户没有登录，或者 token 出现了异常，那么就立刻断开 Websocket 链接。

很显然，这样做并不利于代码的重用，我们完全可以像 5.2.5 小节中的接口认证逻辑一样，把 Websocket 认证也封装为装饰器。编写 utils 目录下的 decorators.py 文件，添加认证逻辑，如下所示：

```
# websocket 认证
def websocket_validated(func):

    @wraps(func)
    async def wrapper(self, *args, **kwargs):

        token = self.get_argument("token",None)
        if not token or token == "null":
            self.close(code = 1002,reason = "身份认证信息未提供。")
            return
        try:
            myjwt = MyJwt()
            uid = myjwt.decode(token).get("id")
            user = await self.application.objects.get(User,id=uid)
            if not user:
                self.close(code = 1003,reason = "用户不存在")
                return
            self._current_id = user.id
            func(self, *args, **kwargs)
```

```
        except Exception as e:
            print(str(e))
            self.close(code = 1002,reason = "token异常")
            return

    return wrapper
```

逻辑上，如果token存在就进行解码操作，判断用户是否存在，不存在或者解码发生异常就立刻断开链接；如果通过认证，就将当前用户的id保存。

添加认证逻辑之后，我们的Websocket客户端链接就会出现两个变量，一个是已链接用户的id，另一个是链接对象。这时需要改造存储容器，让它可以方便地存储这两个变量，如下所示：

```
import tornado.websocket

clients = {}

class WebSocketHandler(tornado.websocket.WebSocketHandler):

    def check_origin(self, origin):
        return True

    @websocket_validated
    def open(self):
        self.set_nodelay(True)
        clients[self._current_id] = {"id":self._current_id,"object":self}
        self.write_message("hello uid: %s" % str(self._current_id))

    def on_close(self):
        if self._current_id in clients:
            del clients[self._current_id]
            print("Client %s is closed" % (self._current_id))

    def on_message(self, message):          #收到消息时被调用
        print("Client %s received a message: %s" % (self._current_id,message))
```

这里将容器从集合改为了字典，用户id作为唯一标识的key，并且嵌套存储用户的Websocket对象，存储之前调用set_nodelay方法来降低Websocket数据延迟，最后通过装饰器来保证Websocket链接的安全性。至此，Websocket认证环节就完成了。

9.1.4 Websocket心跳重连

Websocket是前后端交互的持久化链接，前后端也都可能因为一些意外情况导致链接断开，链接一旦断开，前端必须刷新页面才可以重新链接。因此，为了保证链接的

可持续性和稳定性，Websocket 心跳重连应运而生。

心跳检测的逻辑：每隔一段时间向后端发送一个数据包，告诉后端自己还在保持链接，同时前端会确认后端是否会返回数据，如果后端的链接还存活的话，就会回传一个数据包给前端，否则，有可能后端的链接已经断开，需要进行重连。当链接成功后立刻开始心跳检测，如图 9-2 所示。

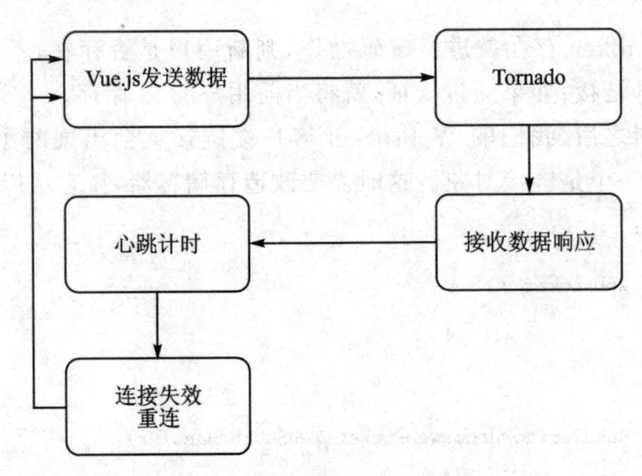

图 9-2　Websocket 心跳检测

编辑 head.html，添加心跳检测变量，如下所示：

```
data() {
    return {
        websocket_url:
            "ws://localhost:8000/websocket/? token = " + localStorage.getItem("to-
ken"),
            websocket: null,                //建立链接
            lockReconnect: false,           //是否真正建立链接
            timeout: 3 * 1000,              //3 s 一次心跳
            timeoutObj: null,               //外层心跳倒计时
            serverTimeoutObj: null,         //内层心跳检测
            timeoutnum: null,               //断开，重连倒计时

    };
},
```

这里我们每 3 s 发起一次心跳检测，下面添加具体检测方法：

```
initWebSocket() {
    //初始化 Weosocket
    this.websocket = new WebSocket(this.websocket_url);
    this.websocket.onopen = this.websocketonopen;
    this.websocket.onmessage = this.websocketonmessage;
```

```
        this.websocket.onerror = this.websocketonerror;
        this.websocket.onclose = this.websocketclose;
    },
    reconnect() {
        //重连
        var that = this;
        if (that.lockReconnect) {
                //是否真正建立链接
                return;
            }
            that.lockReconnect = true;
            //没链接上会一直重连,设置延迟避免请求过多
            that.timeoutnum && clearTimeout(that.timeoutnum);
            //如果到了这里断开重连倒计时还有值的话就清除掉
            that.timeoutnum = setTimeout(function() {
                //然后重连
                that.initWebSocket();
                that.lockReconnect = false;
            }, 5000);
        },

        reset() {
            //重置心跳
            var that = this;
            //清除时间(清除内外两个心跳计时)
            clearTimeout(that.timeoutObj);
            clearTimeout(that.serverTimeoutObj);
            //重启心跳
            that.start();
        },

        start() {
            //开启心跳
            var self = this;
            self.timeoutObj && clearTimeout(self.timeoutObj);
            //如果外层心跳倒计时存在的话就清除掉
            self.serverTimeoutObj && clearTimeout(self.serverTimeoutObj);
            //如果内层心跳检测倒计时存在的话就清除掉
            self.timeoutObj = setTimeout(function() {
                //重新赋值重新发送 进行心跳检测
                //这里发送一个心跳,后端收到后返回一个心跳消息
                if (self.websock.readyState == 1) {
                    //如果链接正常
```

```
                // self.websock.send("heartCheck");
            } else {
                //否则重连
                self.reconnect();
            }
            self.serverTimeoutObj = setTimeout(function() {
                //在 3 s 一次的心跳检测中,如果某个值 3 s 没响应就关掉这次链接
                //超时关闭
                // self.websock.close();
            }, self.timeout);
        }, self.timeout);
        // 3 秒一次
        },
        websocketonopen(e) {
            //链接建立之后执行 send 方法发送数据
            console.log("链接成功");
            this.websocket.send("hello");
            // this.websocketsend(JSON.stringify(actions));
        },
        websocketonerror() {
            //链接建立失败重连
            console.log("链接失败");
            this.initWebSocket();
        },
        websocketonmessage(e) {
            //数据接收
            //const redata = JSON.parse(e.data);
            const redata = e.data;
            console.log(redata);
        },
          websocketsend(Data) {
            //数据发送
            this.websocket.send(Data);
        },
        websocketclose(e) {
            //关闭
            console.log("断开链接", e);
            this.reconnect()
        },
```

逻辑是,当 initwebsocket 方法链接成功后,会每隔 3 s 向后端发送数据请求保持链接,链接终端会调用 reconnect 方法进行重连,随后重置计时器。如此往复,即使链接断开也可以及时恢复,保持 Websocket 持久化链接的稳定性。至此,Websocket 心跳重

连逻辑就完成了。

9.2 消息系统

保证了 Websocket 服务的安全性和稳定性，我们就可以在其基础上构建消息系统了。消息系统负责将后台的一些信息实时推送到前端。

9.2.1 消息推送

利用已经存储好的用户 id 和 Websocket 对象，我们就可以给前端主动推送消息了。编写 msg.py 文件，添加消息推送逻辑，如下所示：

```
async def send_msg(text,id = None):

    if id:
        if id in clients:
            clients[id]["object"].write_message(text)
    else:
        for key in clients.keys():
            clients[key]["object"].write_message(text)
```

这里的推送方式分为两种：精准推送和全量推送。精准推送是指给指定用户推送特定的消息，例如该用户某个发布的课程通过审核，那么就只给这个用户进行推送；全量推送是指给所有已经链接上的用户推送消息，可以理解为广播的形式。send_msg 方法通过是否传递用户 id 来进行判断，并且使用 Websocket 对象中的 write_message 方法进行实时推送动作。

这里我们给 7.3.1 小节中的审核接口添加消息推送逻辑，将审核结果推送给课程发布的用户。修改 audit.py 文件，如下所示：

```
from .msg import send_msg
#课程审核触发逻辑
class AuditHandler(BaseHandler):

    async def get(self):
        self.render("audit.html")

    @jwt_async()
    async def put(self):

        course_id = self.get_argument("id")
        state = self.get_argument("state")
```

```
        course = await self.application.objects.get(Course,id = course_id)
        course.state = state
        await self.application.objects.update(course)
        course.save()

        await send_msg("您的课程已经完成审核",course.uid.id)

        self.finish({"msg":"ok","errcode":0})
```

这里在审核动作完成后，通过课程对象获取到该课程发布的用户 id，然后调用 send_msg 方法进行精准推送，推送消息结果如图 9-3 所示。

图 9-3　推送消息结果

至此，消息推送功能就完成了。

9.2.2　消息记录

消息推送以后，需要对消息具体信息进行记录，因为实时推送逻辑只会给当前在线并且已经链接上 Websocket 的用户进行推送操作，如果该用户没有登录到平台或者没有链接上 Websocket，就收不到消息，所以需要将消息内容、用户 id 以及是否已读等内容记录下来。编辑 msg.py，添加消息记录逻辑，如下所示：

```
#消息保存
class MsgSave:

    def __init__(self,redis):

        self.r = redis
        self.key = "msglist"

    #保存消息
    async def save(self,id,content):
```

```
        await self.r.hset(self.key,id,content)

    #获取未读消息
    async def get(self,id):

        await self.r.hget(self.key,id)
```

这里使用 Redis 的 hash 数据类型记录消息。当前用户没有在线时，save 方法将用户 id 作为 key，内容作为 value 进行保存；下一次，当用户登录并且链接上时，通过 get 方法把用户最后一条未读消息读取出来，再进行推送操作。至此，消息记录逻辑就完成了。

9.2.3 消息展示

目前，前端是通过 console.log 方法展示后端推送的消息。在实际开发过程中，我们需要用更友好、直观的方式将消息展示给用户，比如利用 document.title 属性修改页签的标题，使用定时器来回切换内容实现标题闪烁，引起用户注意。

修改 head.html，添加页面通知逻辑，如下所示：

```
//消息通知
sendNotification:function(message, time) {

    var oldTitle = document.title;            //保存原有标题
    var changeVal = 1;
    var notice = setInterval(function() {
        if (changeVal) {
            document.title = message;
            changeVal = 0
        } else {
            document.title = oldTitle;
            changeVal = 1
        }
    }, time || 1000);

    return notice;

}
```

随后，添加到 onmessage 方法弹出消息提示，如下所示：

```
websocketonmessage(e) {
    //数据接收
    const redata = e.data;
    console.log(redata);
```

```
        this.sendNotification("有新的消息",900);
        alert(redata);

    },
```

后台一旦主动推送消息，前端不需要手动刷新，直接可以弹出消息，如图 9-4 所示。

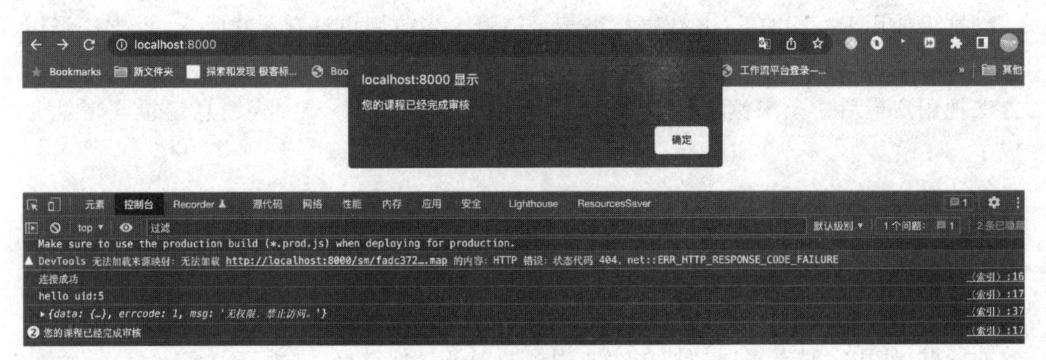

图 9-4　消息推送展示

至此，消息系统的所有功能就完成了。

9.3　在线客服

在线客服指的是用户可以在教育平台和客服进行沟通，也就是普遍意义上的聊天，即实现用户 A 和用户 B(客服)之间的聊天。要实现用户 A 和用户 B 对话，首先需要用户 A 的浏览器与后端 Websocket 服务器建立链接，同时，用户 B 的浏览器也与 Websocket 服务器建立链接。当 A、B 同时都建立链接后，双方就可以进行正常的对话，如图 9-5 所示。

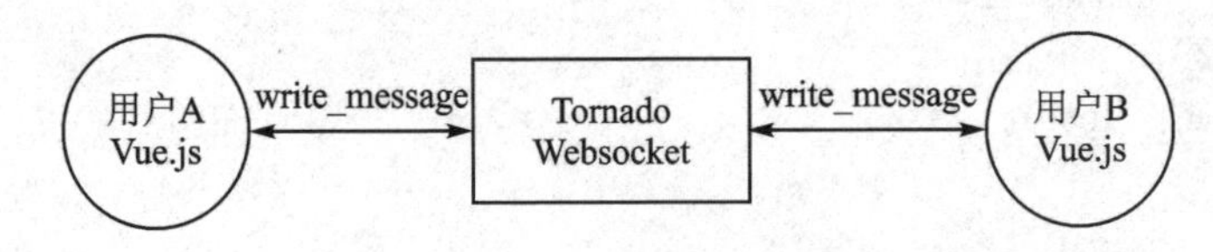

图 9-5　聊天实现

在建立 Websocket 连接完成后，用户 A 的浏览器向用户 B 的浏览器发送消息 Hello B，消息首先到达 Websocket 服务器，经过 Websocket 服务器转发给用户 B 的浏览器；与此同时，用户 B 的浏览器向用户 A 的浏览器发送消息 Hello A，消息首先到达 Websocket 服务器，经过 Websocket 服务器转发给用户 A 的浏览器。这在逻辑上并不复杂，聊天本质上也是消息的实时推送，只不过是从消息系统中的后台给前端推消息变成了用户给用户推消息。但需要注意的是，客服系统和消息系统会共用一个 Websocket 连接，系统推送的消息、聊天的消息都会经过 Websocket 服务器，该如何区分呢？

9.3.1 信息隔离

如果想让一个 Websocket 连接服务两套系统，就必须做到信息隔离。从业务角度上来说，消息系统只负责后端主动推送，而客服系统负责一对一地相互推送消息，那么对于消息本身，我们需要有一个种类标志物来区分消息的种类。因此首先要改造消息系统的消息格式，增加消息种类的标识，如下所示：

```
async def send_msg(text,id = None):

    text = {"type":"public","text":text}
    text = json.dumps(text)

    if id:
        if id in clients:
            clients[id]["object"].write_message(text)
        else:
            redis = await aioredis.create_redis_pool(redis_link, minsize = 1, maxsize =
10000, encoding = 'utf8')
            ms = MsgSave(redis)
            await ms.save(id,text)
    else:
        for key in clients.keys():
            clients[key]["object"].write_message(text)
```

这里把原始的字符串消息改造为 json 格式的消息，通过增加字段 type 做到信息隔离。如果消息中的 type 字段为 public，则意味着这是公共使用的消息推送；如果不是，则说明这条消息来自客服系统的推送。

前端接收消息时，也需要对应进行判断，修改 head.html 文件，如下所示：

```
websocketonmessage(e) {
    //数据接收
    const redata = e.data;

    edata = JSON.parse(redata);

    console.log(edata)

    if(edata.type == "public"){

        this.sendNotification("有新的消息",900);
        alert(edata.text);
```

```
    }
},
```

同样地，对于前端，也是先对 json 格式消息处理后判断消息的 type 字段，根据 type 字段的值再做后续的操作，如图 9－6 所示。

图 9－6　json 格式消息

完成了消息系统的改造之后，我们需要添加在线客服逻辑。和消息系统从后端推送不同，客服系统的聊天信息永远都会从前端发送，而后端负责接收，所以判断逻辑应该在后端。修改 msg.py 文件，如下所示：

```
clients = {}

class WebSocketHandler(tornado.websocket.WebSocketHandler):

    def check_origin(self, origin):
        return True

    @websocket_validated
    def open(self):
        self.set_nodelay(True)
        clients[self._current_id] = {"id":self._current_id,"object":self}
        #self.write_message("hello uid: %s" % str(self._current_id))

    def on_close(self):
        if self._current_id in clients:
            del clients[self._current_id]
            print("Client %s is closed" % (self._current_id))

    async def on_message(self, message):          #收到消息时被调用
```

```
        print("Client %s received a message: %s" % (self._current_id,message))

        try:
            message = json.loads(message)

            if message["type"] == "private":

                await self.send_private_message(message["id"],message["text"])
        except Exception as e:
            pass

    async def send_private_message(self,id,text):

        text = {"type":"private","text":text}
        text = json.dumps(text)

        if id in clients:

            clients[id]["object"].write_message(text)
```

这里当后端收到前端发送的聊天消息时，先对消息做处理，随后判断消息内的字段type。如果是private则代表聊天消息，遂调用send_private_message方法往该消息指定的用户id发消息。由于消息本身指定了用户id，所以别的在线用户也不会接收到该消息。这样就完成了信息的双重隔离：既把公共消息和客服聊天消息做了隔离，又把用户和客服之间的私聊消息做了隔离。

9.3.2 聊天界面

完成了后端的消息判断与隔离之后，现在我们开发前端的客服聊天界面。修改head.html文件，添加聊天列表和聊天信息变量，如下所示：

```
data() {
    return {
        websocket_url:"ws://localhost:8000/websocket/?token=" + localStorage.getItem("token"),
            websocket: null,                 //建立的链接
            lockReconnect: false,            //是否真正建立链接
            timeout: 3 * 1000,               //30 s 一次心跳
            timeoutObj: null,                //外层心跳倒计时
            serverTimeoutObj: null,          //内层心跳检测
            timeoutnum: null,                //断开,重连倒计时

            //聊天列表
```

```
            msglist:[],
            //聊天信息
            msg:""

        };
    },
```

这里 msg 用来存放用户发送的消息内容,msglist 存放聊天记录。

用户在任何页面都有可能和客服聊天,所以我们使用悬浮窗口来展示聊天界面。编辑 head.html 文件,如下所示:

```
<div id="feedback_trigger_holder" style="display: block;">
    <div onclick="hideFeedbackButton()" class="tays_popup2_close_button_feedback"
>-</div>
    <table width="100%">

            <tr v-for="item,index in msglist" :key="index">

              <td>  ${ item }</td>
            </tr>

          </table>
    <input v-model="msg" />
    <a class="btn btn-primary" id="send_feedback_start" @click="send()"> Send
Message</a>
    <div style="width:100%;height:5px;"></div>
</div>

<div id="feedback_trigger_plus" style="display: none;">
    <div onclick="showFeedbackButton()" class="tays_popup2_close_button_feedback"
> + </div>
</div>
```

这里通过数据双向绑定将 tr 标签和 msglist 绑定,用来遍历聊天列表。

继续添加消息发送逻辑:

```
//发送消息
send:function(){

    var text = {"type":"private","id":5,"text":this.msg}

    this.websocket.send(JSON.stringify(text));

    this.msglist.push("我说:" + this.msg);
```

```
    console.log(this.msglist);

}
```

这里指定用户 id 为 5 的客服为消息接收者，随后使用 websocket 对象的 send 方法向后端发送消息，同时将消息内容追加到消息列表中，如图 9-7 所示。

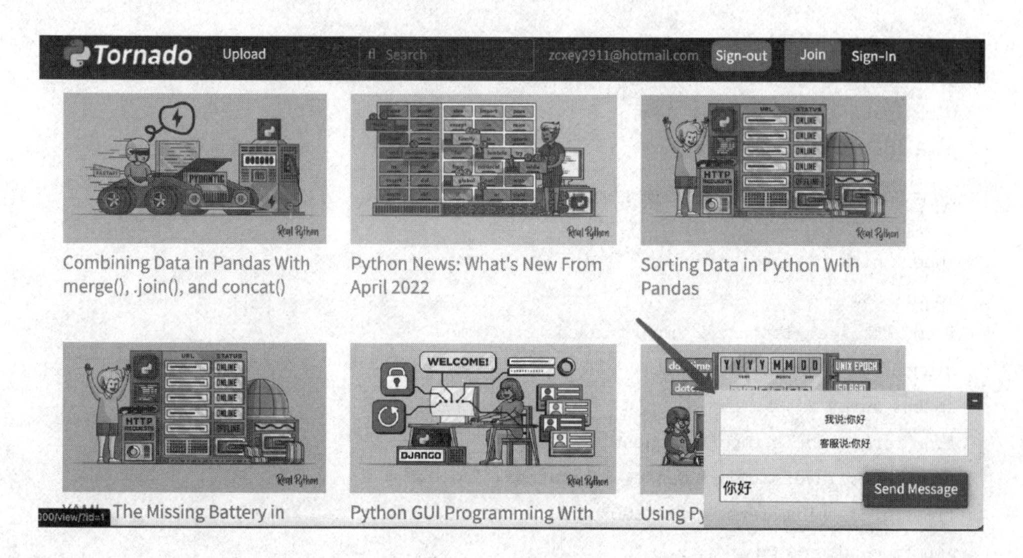

图 9-7 聊天界面

至此，在线客服聊天逻辑就完成了。

9.4 AI 客服

AI 客服相当于给人工在线客服增加了一个帮手。当用户不能第一时间联系上人工在线客服时，AI 客服给用户多增加了一个解决问题的入口，帮助用户更有效地解决问题。AI 客服可以全天在线，可以通过用户发生的场景、操作搭建预判模型，实现未问先答，避免用户在咨询时重复讲述自己遇到的问题；系统还可以提供图文、教学视频方式，进行精准服务。

9.4.1 深度学习

建立属于自己的 AI 聊天客服并不像我们想象的那么复杂。开发 AI 客服所面对的最主要挑战，首先是对用户输入信息进行分类，以及能够识别用户的正确意图；第二就是怎样保持语言环境，也就是分析和跟踪上下文。通常情况下，我们并不需要对用户意图进行分类，只需把用户输入的信息当作聊天机器人问题的答案参考即可。这里我们使用 Keras 深度学习库，用于构建分类模型。

Keras 是一个开源的深度学习库，用于开发神经网络模型。它由谷歌的深度学习研究员 FrançoisChollet 开发。它的核心原则是建立一个神经网络，对其进行训练，然后使用它来进行预测。对于任何具有基本编程知识的人来说，Keras 的学习门槛很低，同时 Keras 允许开发人员完全自定义 ANN 的参数。

首先运行安装依赖库：

```
pip3 install Tensorflow
pip3 install Keras
pip3 install nltk
pip3 install pandas
```

随后，在 scripts 文件夹下撰写脚本 chat_training. py 文件：

```
import nltk
import ssl
from nltk. stem. lancaster import LancasterStemmer
stemmer = LancasterStemmer()
import numpy as np
from keras. models import Sequential
from keras. layers import Dense, Activation, Dropout
from keras. optimizers import SGD
import pandas as pd
import pickle
import random
```

以上是我们进行 AI 客服开发之前需要依赖的库，Keras 需要在深度学习框架 Tensorflow 上运行，同时 nltk 库用于对 AI 客服语言进行处理和分析。

9.4.2 模型训练

AI 客服的意图和要学习的模式是在一个普通的 json 文件中定义的。事实上，在教育平台这种垂直领域，没有必要构建大而全的语料库。我们的目标是为一个特定的领域建立一个智能聊天机器人，分类模型也可以根据小词汇量而创建，它将能够识别为训练提供的一组模式。

编辑 chat_training 文件，添加意图配置文件，如下所示：

```
intents = {"intents": [
        {"tag": "打招呼",
        "patterns": ["你好", "您好", "请问", "有人吗", "师傅","不好意思","hi"],
        "responses": ["您好", "又是您啊", "你好","您有事吗","您好在的","请问有什么
需要帮助的"],
        "context": [""]
        },
        {"tag": "告别",
```

```
            "patterns":["再见","拜拜","88","回见","回头见"],
            "responses":["再见","一路顺风","下次见","祝您好运"],
            "context":[""]
            },
        ]
}
```

这里我们设置了两个意图语境标签，分别是打招呼和告别，包括用户输入信息以及机器回应数据。对于语境来说，理论上可以无限扩充，而AI客服需要做的就是将用户输入信息和语境标签联系起来。

在进行分类模型训练之前，我们需要先建立词汇表（词汇表中每个词都要进行词根处理以产生通用词根，这将有助于涵盖更多的用户输入组合），如下所示：

```
words = []
documents = []
classes = []
for intent in intents['intents']:
    for pattern in intent['patterns']:
        # tokenize each word in the sentence
        w = nltk.word_tokenize(pattern)
        # add to our words list
        words.extend(w)
        # add to documents in our corpus
        documents.append((w, intent['tag']))
        # add to our classes list
        if intent['tag'] not in classes:
            classes.append(intent['tag'])

words = [stemmer.stem(w.lower()) for w in words]
words = sorted(list(set(words)))

classes = sorted(list(set(classes)))

print (len(classes), "语境", classes)
print (len(words), "词数", words)
```

这里我们对词汇表中的语境和词语个数分别进行了分类和统计，程序返回：

```
2 语境 ['告别', '打招呼']
12 词数 ['88', 'hi', '不好意思', '你好', '再见', '回头见', '回见', '师傅', '您好', '拜拜', '有人吗', '请问']
```

分类模型训练不会根据词汇来分析，因为词汇对于机器来说是没有任何意义的，这也是很多中文分词库所陷入的误区。其实，机器并不理解你输入的到底是英文还是中文,我们只需将单词或者中文转化为包含 0、1 的数组的词袋即可。数组长度将等于词汇量大小,如果当前模式中的一个单词或词汇位于给定位置,将设置为 1。

接着执行训练并且构建分类模型,如下所示:

```
# create our training data
training = []
# create an empty array for our output
output_empty = [0] * len(classes)
# training set, bag of words for each sentence
for doc in documents:
    # initialize our bag of words
    bag = []

    pattern_words = doc[0]

    pattern_words = [stemmer.stem(word.lower()) for word in pattern_words]

    for w in words:
        bag.append(1) if w in pattern_words else bag.append(0)


    output_row = list(output_empty)
    output_row[classes.index(doc[1])] = 1

    training.append([bag, output_row])

random.shuffle(training)
training = np.array(training)

train_x = list(training[:,0])
train_y = list(training[:,1])

model = Sequential()
model.add(Dense(128, input_shape=(len(train_x[0]),), activation='relu'))
model.add(Dropout(0.5))
model.add(Dense(64, activation='relu'))
model.add(Dropout(0.5))
model.add(Dense(len(train_y[0]), activation='softmax'))

sgd = SGD(lr=0.01, decay=1e-6, momentum=0.9, nesterov=True)
model.compile(loss='categorical_crossentropy', optimizer=sgd, metrics=['accuracy'])
```

当进行模拟训练时,模型是用 Keras 建立的,基于三层。由于数据基数小,分类输出将是多类数组，这将有助于识别编码意图。使用 softmax 激活来产生多类分类输出（结果返回一个 0/1 的数组[1,0,0,…,0]，该数组可以识别编码意图）。

下面开始模型训练：

```
model.fit(np.array(train_x), np.array(train_y), epochs = 200, batch_size = 5, verbose = 1)
```

以 200 次迭代的方式执行训练，批处理量为 5 个。

当模型训练完成以后，我们可以定义两个辅助方法。它们可以帮助我们将用户输入的信息转换成包含 0/1 的数组的词袋：

```
def clean_up_sentence(sentence):
    # tokenize the pattern - split words into array
    sentence_words = nltk.word_tokenize(sentence)
    # stem each word - create short form for word
    sentence_words = [stemmer.stem(word.lower()) for word in sentence_words]
    return sentence_words

def bow(sentence, words, show_details = True):
    # tokenize the pattern
    sentence_words = clean_up_sentence(sentence)
    # bag of words - matrix of N words, vocabulary matrix
    bag = [0] * len(words)
    for s in sentence_words:
        for i,w in enumerate(words):
            if w == s:
                # assign 1 if current word is in the vocabulary position
                bag[i] = 1
                if show_details:
                    print ("found in bag: %s" % w)
    return(np.array(bag))
```

利用 bow 方法就可以将用户输入信息和之前分类好的语境信息进行比对操作：

```
p = bow("你好", words)
print(p)
```

结果返回匹配成功：

```
found in bag:你好
[0 0 0 1 0 0 0 0 0 0 0 0]
```

比对完成之后，我们可以将训练好的模型打包，这样每次调用之前就不用重复训练了。

```
model.save("./scripts/chat.h5")
```

调用 save 方法将分类模型存储到 scripts 文件夹中，模型名称为 chat.h5。

至此，模型训练环节就完成了。

9.4.3 接口调用

模型训练完成之后，需要在接口中导入模型，进行预测操作。在 app 目录下编写 chat_ai.py 文件，如下所示：

```
import os
BASE_DIR = os.path.dirname(os.path.dirname(os.path.abspath(__file__)))

import pandas as pd
from keras.models import load_model
import nltk
import ssl
from nltk.stem.lancaster import LancasterStemmer
stemmer = LancasterStemmer()

import numpy as np
from keras.models import Sequential
from keras.layers import Dense, Activation, Dropout
from keras.optimizers import SGD
import pickle

async def classify_local(sentence,model):
    ERROR_THRESHOLD = 0.25

    # generate probabilities from the model
    input_data = pd.DataFrame([bow(sentence, words)], dtype=float, index=['input'])
    results = model.predict([input_data])[0]
    # filter out predictions below a threshold, and provide intent index
    results = [[i,r] for i,r in enumerate(results) if r > ERROR_THRESHOLD]
    # sort by strength of probability
    results.sort(key=lambda x: x[1], reverse=True)
    return_list = []
    for r in results:
        return_list.append((classes[r[0]], str(r[1])))
    # return tuple of intent and probability

    return return_list

async def get_response(word):

    model = load_model(os.path.join(BASE_DIR,'scripts/chat.h5'))
    wordlist = await classify_local(word,model)
```

```
        a = ""
        for intent in intents['intents']:
            if intent['tag'] == wordlist[0][0]:
                a = random.choice(intent['responses'])
        return a
```

这里通过 load_model 方法导入模型，随后在分类模型中进行预测匹配。一旦匹配成功，就将匹配后的词汇标签中的客服答案随机抽取进行返回。

接着在 9.3.1 小节中的接口中增加 AI 客服返回逻辑，如下所示：

```
async def on_message(self, message):           # 收到消息时被调用
    print("Client %s received a message: %s" % (self._current_id,message))

    try:
        message = json.loads(message)

        if message["type"] == "private":

            self.send_private_message(message["id"],message["text"])

        elif message["type"] == "ai":
            res = await get_response(message["text"])
            await self.send_private_message(self._current_id,res)

    except Exception as e:
        pass
```

如果用户是给 AI 客服发送信息，该信息就会被 get_response 方法进行回答匹配操作，然后将匹配后的结果直接发送给当前用户，让用户和 AI 客服“聊天”，如图 9-8 所示。

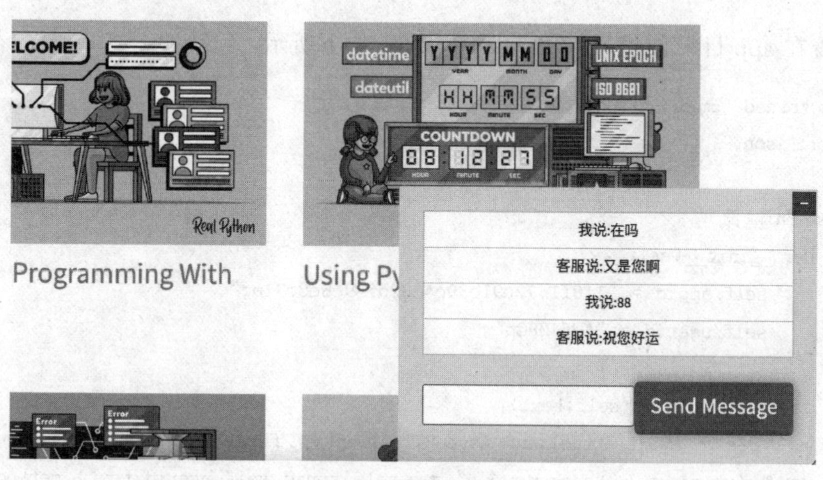

图 9-8 聊天界面

至此,Tornado 接口调用分类模型聊天逻辑就完成了。

9.4.4 三方接入

除了自主研发分类模型,我们还可以为平台接入三方的 AI 客服。这里以思知机器人为例,首先登录官网 https://www.ownthink.com,随后创建机器人,如图 9-9 所示。

图 9-9 创建机器人

接着在 app 目录创建 chat_think.py 文件,如下所示:

```
from tornado import httpclient
import json

class Think:
    def __init__(self):
        self.appid = "118f1472e91c30c4c82df39c8e8c71ac"
        self.userid = "Aef4MHCp"

    async def get_res(self,text):
        res = await httpclient.AsyncHTTPClient().fetch("https://api.ownthink.com/
bot? appid = %s&userid = %s&spoken = %s" % (self.appid,self.userid,text),method = 'GET',
validate_cert = False,connect_timeout = 30.0, request_timeout = 30.0)
```

```
        res = json.loads(res.body.decode())
        return res["data"]["info"]["text"]
```

在这个机器人类中初始化 appid 和 userid，接着创建异步方法 get_res，通过 Tornado 内置的 httpclient 库向接口地址发起 GET 请求即可。

9.4.5 ChatGPT

ChatGPT 是一个基于人工智能技术的聊天机器人，它使用了 GPT(Generative Pre-trained Transformer)模型来生成自然语言文本，能够进行自然对话和回答用户的问题。ChatGPT 可以在多个领域提供帮助和建议，如娱乐、健康、教育、科技等。用户可以通过与 ChatGPT 进行对话来获取有用的信息和建议。

ChatGPT 的底层是基于自然语言处理(NLP)和深度学习技术的。它使用了 GPT 模型，这是一种预训练的语言模型，能够自动生成自然语言文本。

GPT 模型是由 OpenAI 开发的，它是一个基于 Transformer 架构的深度学习模型，能够学习自然语言的语法和语义特征，并生成符合语法和语义规则的自然语言文本。GPT 模型的训练数据来自于互联网上的大量文本数据，如维基百科、新闻、小说、论文等。在训练过程中，GPT 模型能够自动学习语言的规律和特征，从而生成逼真的自然语言文本。

我们可以将 ChatGPT 集成到教育平台中。首先登录到 OpenAI 官网，创建接口密钥，如图 9-10 所示。

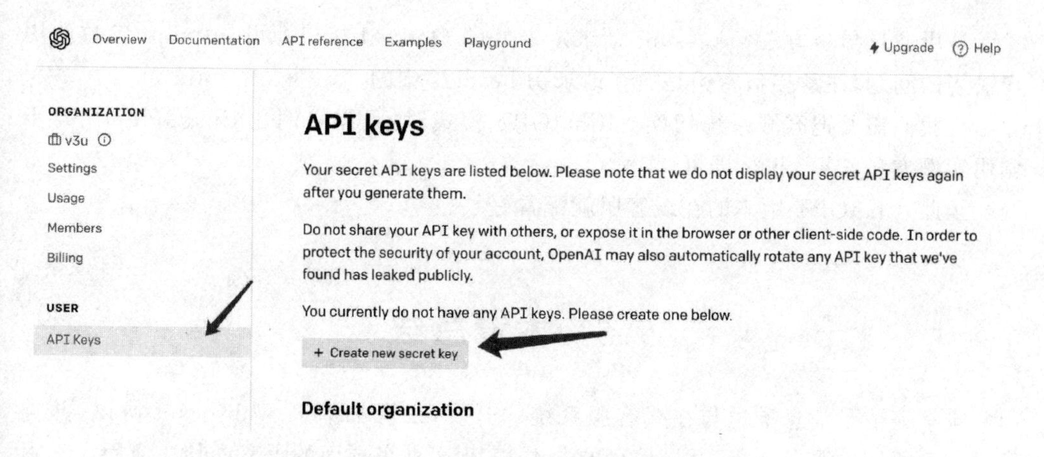

图 9-10 创建 OpenAI 接口密钥

随后在项目的 app 目录创建 chatgpt_api.py 文件，如下所示：

```
import asyncio
import httpx

openai.api_key = "apikey"
h = {
```

```
    'Content-Type': 'application/json',
    'Authorization': f'Bearer {openai.api_key}'
}
d = {
    "model": "gpt-3.5-turbo",
    "messages":[{"role": "user", "content": ""}],
    "max_tokens": 100,
    "temperature": 0
}
u = 'https://api.openai.com/v1/chat/completions'
```

这里定义了 OpenAI 的接口地址、请求头配置以及上文中生成的接口密钥。

随后构建 ChatGPT 对话类，如下所示：

```
class ChatGPT:

    # 异步访问
    async def ask_async(self,prompt):
        d["messages"][0]["content"] = prompt
        async with httpx.AsyncClient() as client:
            resp = await client.post(url=u, headers=h, json=d)
            result = resp.json()
            print(result)
```

这里通过异步方法 ask_async 请求定义好的 OpenAI 接口即可，prompt 参数即用户输入的问题，注意接口密钥是放在请求头 headers 中的。

当我们需要把客服系统切换到 ChatGPT 模式时，只需实例化 ChatGPT 类、异步调用实例方法 ask_async 即可。

至此，ChatGPT 版本的在线客服就配置好了。

9.5 本章总结

本章完成了消息推送与在线客服系统的开发，二者都基于 Websocket 协议，并且底层共享相同的服务连接，通过信息的分类，实现了业务层面的隔离；同时，使用人工智能技术构建了更智能的 AI 客服系统。到此为止，教育平台所有功能性模块就都完成了。下一章我们会把教育平台部署到生产环境中，让用户真正使用我们的产品。

第10章 项目部署

本章我们把项目部署到Linux服务器上,用户可以通过域名直接访问我们的产品。大体上,在服务器部署项目可分为两种方式:传统式部署和容器式部署。本章将会以最新的Centos 8.4系统为例,分别阐述两种部署方式的具体流程。

10.1 传统式部署

传统式部署就是在一台干净的服务器上从零开始安装软件,配置环境,随后将项目主体直接在服务器上运行,并不依赖任何容器技术方案。

10.1.1 配置Python 3.10环境

Centos 8.4是一个稳定、高预测性、高管理性、高重复性的Linux平台,由RedHat企业级Linux(RHEL)的源代码进行再发行。大多数企业的生产环境系统都会选择Centos,但其8.4版本并没有安装Python 3.10,所以首先配置Python 3.10。

要安装Python 3.10,首先系统必须具备最新的编译器,运行如下命令进行安装:

```
sudo dnf install wget yum-utils make gcc openssl-devel bzip2-devel libffi-devel zlib-devel
```

安装成功后,通过命令下载官方的Python 3.10压缩包:

```
wgethttps://www.python.org/ftp/python/3.10.4/Python-3.10.4.tgz
```

然后进行解压缩操作:

```
tar xzf Python-3.10.4.tgz
```

这将在当前目录下创建一个名为Python-3.10.4的目录,其中包含Python 3.10的所有源代码文件。

随后进入Python-3.10.4目录,运行以下命令,进行编译安装操作:

```
cd Python-3.10.4
./configure --enable-optimizations
sudo make altinstall
```

安装成功以后,运行以下命令:

```
python3.10
```

系统返回,如下所示:

```
Python 3.10.4 (main, May 25 2022, 18:38:39) [GCC 8.5.0 20210514 (Red Hat 8.5.0 - 4)] on linux
Type "help", "copyright", "credits" or "license" for more information.
>>>
```

接着修改 4.3.1 小节中的 requirements.txt 文件,添加项目所依赖的模块,如下所示:

```
tornado == 6.1
aiomysql == 0.1.0
aiofiles == 0.8.0
pyjwt == 2.3.0
peewee == 3.14.10
peewee - async == 0.7.0
aioredis == 1.3.1
Pillow == 9.1.0
requests == 2.27.1
aiocache == 0.11.1
pycryptodome == 3.14.1
paypalrestsdk == 1.13.1
redisearch == 2.1.1
```

随后运行以下命令进行安装:

```
pip3.10 install - r requirements.txt
```

安装完成之后,运行以下命令查看依赖列表:

```
pip3.10 list
```

系统返回,如下所示:

```
Package                          Version
---------------------------------------------
aiocache                         0.11.1
aiofiles                         0.8.0
aiomysql                         0.1.0
aioredis                         1.3.1
async - timeout                  4.0.2
certifi                          2022.5.18.1
cffi                             1.15.0
charset - normalizer             2.0.12
cryptography                     37.0.2
```

```
hiredis                2.0.0
idna                   3.3
paypalrestsdk          1.13.1
peewee                 3.14.10
peewee-async           0.7.0
Pillow                 9.1.0
pip                    22.0.4
pycparser              2.21
pycryptodome           3.14.1
PyJWT                  2.3.0
PyMySQL                1.0.2
pyOpenSSL              22.0.0
redis                  3.5.3
redisearch             2.1.1
rejson                 0.5.6
requests               2.27.1
setuptools             58.1.0
six                    1.16.0
tornado                6.1
urllib3                1.26.9
```

至此,Python 3.10 环境就配置好了。

10.1.2 配置数据库

项目中涉及的数据库有两种:Mysql 和 Redis。首先运行以下命令安装 Mysql:

```
sudo yum install mariadb-server
```

随后启动 Mysql 服务:

```
systemctl start mariadb
```

接着运行命令配置 Mysql 密码:

```
mysql_secure_installation
```

配置好之后,运行以下命令登录 Mysql:

```
mysql -uroot -proot
```

建立教育平台数据库:

```
create database edu default character set utf8mb4 collate utf8mb4_unicode_ci;
```

下面可以执行命令,建立表结构和插入测试数据:

```
use edu;
SET NAMES utf8;
```

```
SET FOREIGN_KEY_CHECKS = 0;
-- ----------------------------
-- Table structure for 'category'
-- ----------------------------
DROP TABLE IF EXISTS 'category';
CREATE TABLE 'category' (
    'id' bigint(20) NOT NULL AUTO_INCREMENT,
    'create_time' datetime NOT NULL,
    'update_time' datetime NOT NULL,
    'name' varchar(191) COLLATE utf8mb4_unicode_ci NOT NULL,
    'pid' int(11) NOT NULL,
    PRIMARY KEY ('id'),
    UNIQUE KEY 'category_name' ('name')
) ENGINE = InnoDB AUTO_INCREMENT = 7 DEFAULT CHARSET = utf8mb4COLLATE = utf8mb4_unicode_ci;

-- ----------------------------
-- Records of 'category'
-- ----------------------------
BEGIN;
INSERT INTO 'category' VALUES ('1', '2022-05-10 12:41:11', '2022-05-10 12:41:11', 'Python', '0'), ('2', '2022-05-10 12:41:11', '2022-05-10 12:41:11', 'Java', '0'), ('3', '2022-05-10 12:41:11', '2022-05-10 12:41:11', 'Go lang', '0'), ('4', '2022-05-10 12:41:11', '2022-05-10 12:41:11', 'Tornado', '1'), ('5', '2022-05-10 12:41:11', '2022-05-10 12:41:11', 'Django', '2'), ('6', '2022-05-10 12:41:11', '2022-05-10 12:41:11', 'template', '5');
COMMIT;

-- ----------------------------
-- Table structure for 'course'
-- ----------------------------
DROP TABLE IF EXISTS 'course';
CREATE TABLE 'course' (
    'id' bigint(20) NOT NULL AUTO_INCREMENT,
    'create_time' datetime NOT NULL,
    'update_time' datetime NOT NULL,
    'title' varchar(191) COLLATE utf8mb4_unicode_ci NOT NULL,
    'desc' text COLLATE utf8mb4_unicode_ci NOT NULL,
    'cid_id' bigint(20) NOT NULL,
    'price' bigint(20) NOT NULL,
    'thumb' varchar(191) COLLATE utf8mb4_unicode_ci NOT NULL,
    'video' text COLLATE utf8mb4_unicode_ci NOT NULL,
    'vtype' int(11) NOT NULL,
    'uid_id' bigint(20) NOT NULL,
    'audit' int(11) NOT NULL,
```

```
    'state' int(11) NOT NULL,
    PRIMARY KEY ('id'),
    UNIQUE KEY 'course_title' ('title'),
    KEY 'course_cid_id' ('cid_id'),
    KEY 'course_uid_id' ('uid_id'),
    CONSTRAINT 'course_ibfk_1' FOREIGN KEY ('cid_id') REFERENCES 'category' ('id'),
    CONSTRAINT 'course_ibfk_2' FOREIGN KEY ('uid_id') REFERENCES 'category' ('id')
) ENGINE = InnoDB AUTO_INCREMENT = 4 DEFAULT CHARSET = utf8mb4 COLLATE = utf8mb4_unicode_ci;

-- ----------------------------
-- Records of 'course'
-- ----------------------------
BEGIN;
INSERT INTO 'course' VALUES ('1', '2022-05-11 16:51:58', '2022-05-19 09:24:17', 'Combining Data in Pandas With merge(), .join(), and concat()', 'Combining Data in Pandas With merge(), .join(), and concat()', '1', '10', 'Build-a-Project-With-FastAPI_Watermarked.cb19f6b7b108.jpeg', '<iframe src=\"https://player.bilibili.com/player.html?aid=251955199&bvid=BV13Y411s79j&cid=447815214&page=1\" allowfullscreen=\"allowfullscreen\" width=\"100%\" height=\"500\" scrolling=\"no\" frameborder=\"0\" sandbox=\"allow-top-navigation allow-same-origin allow-forms allow-scripts\"></iframe>', '2', '5', '5', '1'), ('2', '2022-05-11 16:55:19', '2022-05-19 09:24:19', 'Python News: What\'s New From April 2022', 'Python News: What\'s New From April 2022', '1', '0', 'A-Guide-to-Python-Keywords_Watermarked.73f8f57a93ed.jpeg', '<iframe src=\"https://player.bilibili.com/player.html?aid=251955199&bvid=BV13Y411s79j&cid=447815214&page=1\" allowfullscreen=\"allowfullscreen\" width=\"100%\" height=\"500\" scrolling=\"no\" frameborder=\"0\" sandbox=\"allow-top-navigation allow-same-origin allow-forms allow-scripts\"></iframe>', '2', '5', '5', '1'), ('3', '2022-05-11 16:55:57', '2022-05-19 18:05:55', 'Sorting Data in Python With Pandas', 'Sorting Data in Python With Pandas', '4', '0', 'Build-a-Site-Connectivity-Checker_Watermarked.4e66b0f9cc0b.jpeg', '<iframe src=\"https://player.bilibili.com/player.html?aid=251955199&bvid=BV13Y411s79j&cid=447815214&page=1\" allowfullscreen=\"allowfullscreen\" width=\"100%\" height=\"500\" scrolling=\"no\" frameborder=\"0\" sandbox=\"allow-top-navigation allow-same-origin allow-forms allow-scripts\"></iframe>', '2', '5', '5', '1');
COMMIT;

-- ----------------------------
-- Table structure for 'role'
-- ----------------------------
DROP TABLE IF EXISTS 'role';
CREATE TABLE 'role' (
    'id' bigint(20) NOT NULL AUTO_INCREMENT,
    'create_time' datetime NOT NULL,
    'update_time' datetime NOT NULL,
```

```
    'role_name' varchar(191) COLLATE utf8mb4_unicode_ci NOT NULL,
    'auth' int(11) NOT NULL,
    PRIMARY KEY ('id'),
    UNIQUE KEY 'role_role_name' ('role_name')
) ENGINE = InnoDB AUTO_INCREMENT = 6 DEFAULT CHARSET = utf8mb4 COLLATE = utf8mb4_unicode_ci;

-- ------------------------------
-- Records of 'role'
-- ------------------------------
BEGIN;
INSERT INTO 'role' VALUES ('1', '2022-05-09 09:34:38', '2022-05-09 09:34:38', '老师',
'0'), ('3', '2022-05-09 09:35:35', '2022-05-09 09:35:35', '学生', '0'), ('4', '2022-05-09
09:35:35', '2022-05-09 09:35:35', '后台管理', '15'), ('5', '2022-05-09 09:35:35', '2022-
05-09 09:35:35', '客服', '0');
COMMIT;

-- ------------------------------
-- Table structure for 'user'
-- ------------------------------
DROP TABLE IF EXISTS 'user';
CREATE TABLE 'user' (
    'id' bigint(20) NOT NULL AUTO_INCREMENT,
    'create_time' datetime NOT NULL,
    'update_time' datetime NOT NULL,
    'email' varchar(191) COLLATE utf8mb4_unicode_ci NOT NULL,
    'password' varchar(191) COLLATE utf8mb4_unicode_ci NOT NULL,
    'role_id' bigint(20) NOT NULL,
    'state' int(11) NOT NULL,
    PRIMARY KEY ('id'),
    UNIQUE KEY 'user_email' ('email'),
    KEY 'user_role_id' ('role_id'),
    CONSTRAINT 'user_ibfk_1' FOREIGN KEY ('role_id') REFERENCES 'role' ('id')
) ENGINE = InnoDB AUTO_INCREMENT = 6 DEFAULT CHARSET = utf8mb4 COLLATE = utf8mb4_unicode_ci;

-- ------------------------------
-- Records of 'user'
-- ------------------------------
BEGIN;
INSERT INTO 'user' VALUES ('1', '2022-05-09 09:53:48', '2022-05-09 09:53:48', '123',
'a665a45920422f9d417e4867efdc4fb8a04a1f3fff1fa07e998e86f7f7a27ae3', '1', '0'), ('4', '2022-05-09 11:
11:06', '2022-05-09 11:11:06', '333', '556d7dc3a115356350f1f9910b1af1ab0e312d4b3e4fc788d2da63668f36
d017', '1', '0'), ('5', '2022-05-09 12:07:15', '2022-05-09 12:07:15', 'zcxey2911@hotmail.com',
'b1e99324505bd32da0e1f85dcf5e19a09db0481e8a15f62c41eb320304a8e927', '3', '0');
```

```
COMMIT;

SET FOREIGN_KEY_CHECKS = 1;

-- ----------------------------
-- Table structure for 'order'
-- ----------------------------
DROP TABLE IF EXISTS 'order';
CREATE TABLE 'order' (
    'id' bigint(20) NOT NULL AUTO_INCREMENT,
    'create_time' datetime NOT NULL,
    'update_time' datetime NOT NULL,
    'orderid' varchar(191) COLLATE utf8mb4_unicode_ci NOT NULL,
    'price' bigint(20) NOT NULL,
    'uid_id' bigint(20) NOT NULL,
    'cid_id' bigint(20) NOT NULL,
    'channel' int(11) NOT NULL,
    'state' int(11) NOT NULL,
    PRIMARY KEY ('id'),
    KEY 'order_uid_id' ('uid_id'),
    KEY 'order_cid_id' ('cid_id'),
    CONSTRAINT 'order_ibfk_1' FOREIGN KEY ('uid_id') REFERENCES 'user' ('id'),
    CONSTRAINT 'order_ibfk_2' FOREIGN KEY ('cid_id') REFERENCES 'course' ('id')
) ENGINE = InnoDB AUTO_INCREMENT = 7 DEFAULT CHARSET = utf8mb4 COLLATE = utf8mb4_unicode_ci;

-- ----------------------------
-- Records of 'order'
-- ----------------------------
BEGIN;
INSERT INTO 'order' VALUES ('4', '2022-05-17 19:51:40', '2022-05-18 09:30:33',
'20220517195139941997148548352931', '10', '5', '1', '1', '3'), ('5', '2022-05-17 19:58:24',
'2022-05-17 19:58:24', '20220517195823843280183792469033', '10', '5', '1', '1', '0'), ('6',
'2022-05-23 20:34:07', '2022-05-23 20:34:07', '20220523203407056862114905295246', '0',
'5', '2', '1', '0');
COMMIT;
```

执行完成后，五张数据表就建立好了。

接着运行以下命令安装 Redis 数据库：

```
sudo yum install redis
```

随后启动 Redis 数据库：

```
systemctl start redis
```

进入 redis 命令行：

```
redis - cli
```

系统返回，如下所示：

```
127.0.0.1:6379 >
```

数据库安装好之后，修改项目中的配置文件 config. py，将数据库改为生产环境的配置，如下所示：

```
# mysql 数据库配置
mysql_db = "edu"
mysql_user = "root"
mysql_password = "root"
mysql_host = "localhost"
mysql_port = 3306

# redis 数据库配置
redis_link = "redis://localhost"

#项目调试模式配置
debug = False

#文件类型与体积
FILE_CHECK = ['png', 'jpg', 'jpeg', 'gif', 'bmp', 'mp4', 'mkv']
FILE_SIZE = 1024 * 1024 * 64

#项目域名
site_domain = "https://edu.v3u.cn"
```

这里除了数据库配置以外，将项目的 debug 模式关闭，以提高系统性能。

至此，数据库相关的配置就完成了。

10.1.3 配置 Supervisor

Supervisor 是用 Python 开发的一套通用的进程 client/server 管理程序，是 UNIX-like 系统下的一个进程管理工具，能将一个普通的命令行进程变为后台 daemon，并监控进程状态，异常退出时能自动重启，我们可以通过 Supervisor 来管理或者监控 Tornado 服务。

首先运行以下命令安装 Supervisor：

```
sudo yum install - y supervisor
```

随后生成配置文件：

```
supervisord -c /etc/supervisord.conf
```

接着在/etc/supervisord.conf文件末尾添加Tornado项目的配置，如下所示：

```
[program:edu]
command = python3.10 /root/tornado_edu/main.py
directory = /root/tornado_edu
autorestart = true
```

这里的项目名称为edu，通过python3.10命令启动服务。在配置文件中设置autostart=true，可以实现对异常中断的子进程自动重启。

最后，重启Supervisor服务，让配置文件生效：

```
supervisorctl reload
```

此时，可以通过Supervisor命令启动Tornado服务：

```
supervisorctl start edu
```

Tornado服务就在后台启动了，通过服务器的IP加上端口号可以进行访问，如图10-1所示。

图10-1 IP加端口号即可访问

还可以通过Supervisor命令对服务进行监控，如下所示：

```
supervisorctl status
```

系统返回服务状态，如下所示：

```
edu   RUNNING   pid 15506, uptime 4:50:34
```

至此，Supervisor就配置好了。

10.1.4 配置 Nginx

严格意义上讲,我们已经将项目部署到服务器上了,并且可以正常运行,但事情还没有结束,因为用户不可能只通过 IP 加端口号的方式访问我们的网站。我们需要提供一个域名给用户,而 Nginx 负责解析域名并且可以代理 Tornado 服务,还可以对用户请求进行分发,减轻服务器的压力。

首先安装 Nginx,如下所示:

```
sudo yum install nginx
```

安装完成之后,修改 Nginx 配置文件/etc/nginx/nginx.conf:将文件首行的"user nginx;"修改为"user root;",这是为了让 Nginx 服务具备 root 权限;随后,将默认的 server 配置改为如下所示内容:

```
upstream edu {
    server 127.0.0.1:8000;
}

server {
    listen   80;
    root /root/tornado_edu;
    index main.py index.html;
    server_name localhost;

    #静态文件直接由 Nginx 处理
    location ^~ /static/ {
        root /opt/tornado_edu;
        if ($query_string) {
            expires max;
        }
    }
    location /websocket/ {
        proxy_pass http://edu;
        proxy_http_version 1.1;
        proxy_set_header Upgrade $http_upgrade;
        proxy_set_header Connection "upgrade";
    }
    location /{
        proxy_pass_header Server;
        proxy_set_header Host $http_host;
        proxy_redirect off;
        proxy_set_header X-Real-IP $remote_addr;
        #把请求方向代理传给 Tornado 服务器
```

```
        proxy_pass http://edu;
    }
}
```

这里我们让 Nginx 监听服务器的 80 端口，Nginx 会将监听到的用户请求代理到系统的 8000 端口，也就是 Tornado 服务；同时，Nginx 还会承担所有静态文件的请求，从而分担 Tornado 服务的压力。

配置文件修改完毕之后，需要重启 Nginx 服务，如下所示：

```
systemctl restart nginx.service
```

此时，由于 Nginx 已经代理了 Tornado 服务，并且监听了默认的 80 端口，故我们可以直接使用 IP 对网站进行访问，如图 10－2 所示。

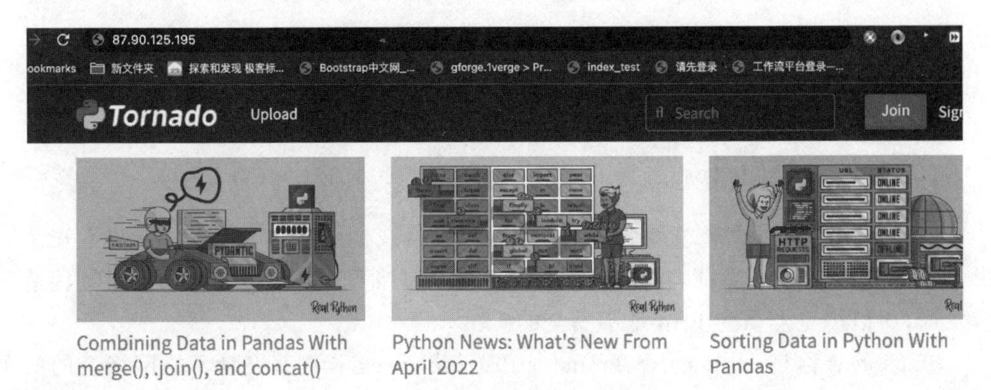

图 10－2　IP 访问

至此，Nginx 的配置就基本完成了。

10.1.5　配置域名解析

用户需要一个域名对网站进行访问，这里以 edu.v3u.cn 为例。首先进入到域名服务商，将域名的 A 记录解析到当前的服务器 IP，如图 10－3 所示。

图 10－3　域名解析

然后修改 Nginx 配置文件/etc/nginx/nginx.conf，将 server_name 属性修改为当前域名，如下所示：

```
server_name edu.v3u.cn;
```

接着重启 Nginx 服务器，让配置生效，如下所示：

```
systemctl restart nginx.service
```

此时,我们就可以通过域名访问网站了。访问 http://edu.v3u.cn,如图 10-4 所示。

图 10-4　域名访问

至此,域名解析就配置好了。

10.1.6　配置 https

虽然网站已经可以通过域名进行访问了,但是我们看到浏览器会提示“不安全”。由于 http 明文传输的特征,在其传输过程中,任何人都可能从中截获、修改或者伪造请求发送,所以浏览器认为 http 是不安全的。

https 的全称是 Hypertext Transfer Protocol Secure,用来在计算机网络上的两个端系统之间安全地交换信息,其通过使用 SSL 服务器证书有效地证明网站的真实身份、域名的合法性,让使用者可以很容易识别真实网站和仿冒网站。

SSL 服务器证书在申请时都会通过严格的审查手段对申请者的身份进行确认,用户在访问网站时可以看到证书的内容,其中包含网站的真实域名、网站的所有者、证书颁发组织等信息。

首先申请免费的 SSL 证书,这里以阿里云为例。首先进入官网 aliyun.com,选择数字证书管理服务,申请免费证书,如图 10-5 所示。

申请成功后,下载 Nginx 版本的证书文件,如图 10-6 所示。

随后将证书文件解压缩,上传到服务器的/root 目录下。

然后修改 Nginx 配置文件/etc/nginx/nginx.conf,添加如下配置:

```
server {
    listen 443 ssl;
    root /root/tornado_edu;
    index main.py index.html;

    server_name edu.v3u.cn;

    ssl_certificate   /root/edu.pem;
```

图 10－5 申请 SSL 证书

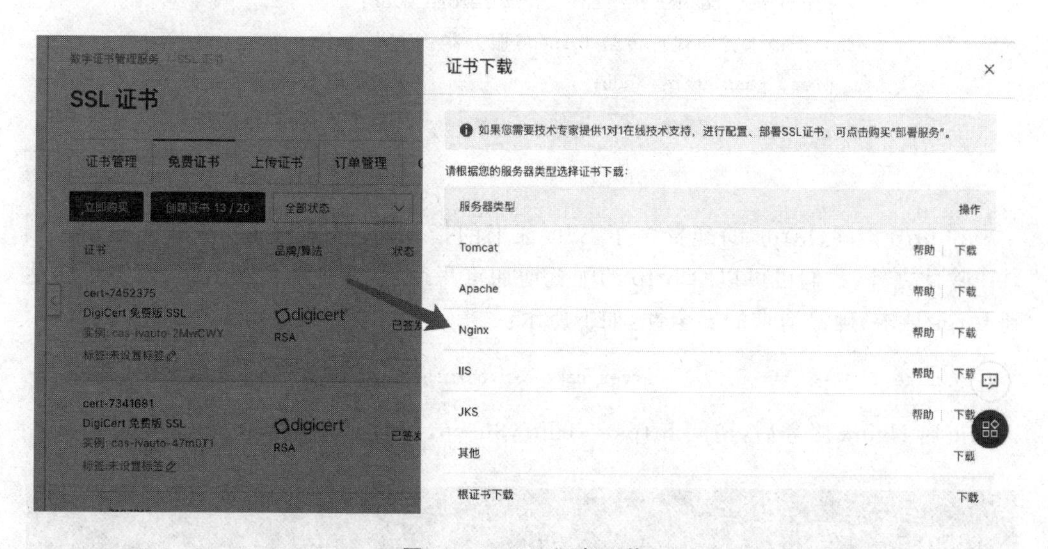

图 10－6 SSL 证书下载

```
    ssl_certificate_key  /root/edu.key;
    ssl_session_timeout 5m;
    ssl_ciphers ECDHE-RSA-AES128-GCM-SHA256:ECDHE:ECDH:AES:HIGH:!NULL:!aNULL:!
MD5:!ADH:!RC4;
    ssl_protocols TLSv1 TLSv1.1 TLSv1.2;
    ssl_prefer_server_ciphers on;

    location /websocket/ {
            proxy_pass http://edu;
            proxy_http_version 1.1;
```

```
            proxy_set_header Upgrade $http_upgrade;
            proxy_set_header Connection "upgrade";
        }

        location ~ /static/ {
            root /root/tornado_edu;
            if ($query_string) {
                expires max;
            }
        }

        location /{
            proxy_pass_header Server;
            proxy_set_header Host $http_host;
            proxy_redirect off;
            proxy_set_header X-Real-IP $remote_addr;
            #把请求方向代理传给 Tornado 服务器
            proxy_pass http://edu;
        }

    }
```

和 http 不同，https 的配置多了 SSL 证书的指向，并且监听 https 默认的 443 端口。除此之外，我们也可以给 http 的配置增加重写逻辑，让所有 http 请求都重定向达到 https 请求，确保请求的安全性，如下所示：

```
rewrite ^(.*)$ https://${server_name}$1 permanent;
```

重启 Nginx 服务后，访问 https://edu.v3u.cn，如图 10-7 所示。

图 10-7　https 访问

至此，教育平台项目的传统方式部署就完成了。

10.2 Docker 容器式部署

容器式部署可以理解为 Docker 容器将项目实体封装为可执行软件包，将项目代码与项目运行所需的相关配置文件、依赖库等捆绑在一起。容器化之后的项目是隔离的，因为它们不捆绑在服务器中，所以容器式部署具备传统式部署所没有的敏捷性和可扩展性。

10.2.1 安装 Docker

在 3.3.5 小节中我们已经使用 Docker 在本地部署了博客系统，现在需要在真实的 Linux 系统上进行部署。首先安装 Docker 软件，如下所示：

```
#设置源
sudo yum-config-manager --add-repo http://mirrors.aliyun.com/docker-ce/linux/centos/docker-ce.repo
sudo yum makecache fast
#安装 docker
sudo yum install docker-ce
```

安装完成后启动 Docker 服务，如下所示：

```
sudo systemctl start docker
```

输入以下命令查看版本号：

```
docker -v
```

系统返回，如下所示：

```
Docker version 20.10.16, build aa7e414
```

至此，Docker 就安装好了。

10.2.2 修改配置

由于容器和宿主的系统是隔离的，所以容器内服务如果想要访问宿主机的服务，就需要知晓宿主机的 IP 地址。运行 ifconfig 命令获取宿主机的 IP 地址：

```
en0: flags=8863<UP,BROADCAST,SMART,RUNNING,SIMPLEX,MULTICAST> mtu 1500
    options=400<CHANNEL_IO>
    ether ac:bc:32:78:5e:c1
    inet6 fe80::43d:8a4d:96e3:1850%en0 prefixlen 64 secured scopeid 0x4
    inet 192.168.199.195 netmask 0xffffff00 broadcast 192.168.199.255
    nd6 options=201<PERFORMNUD,DAD>
```

```
media: autoselect
status: active
```

修改 config. py 文件的数据库地址为宿主机的 IP 地址 192. 168. 199. 195，如下所示：

```
# mysql 数据库配置
mysql_db = "edu"
mysql_user = "root"
mysql_password = "root"
mysql_host = "192.168.199.195"
mysql_port = 3306

# redis 数据库配置
redis_link = "redis://192.168.199.195"

#项目调试模式配置
debug = True

#文件类型与体积
FILE_CHECK = ['png', 'jpg', 'jpeg', 'gif', 'bmp', 'mp4', 'mkv']
FILE_SIZE = 1024 * 1024 * 64

#项目域名
site_domain = "http://localhost:8000"
```

之后，我们在服务器的 Mysql 终端中设置可以远程访问，如下所示：

```
GRANT ALL PRIVILEGES ON *.* TO 'root'@'%' IDENTIFIED BY 'root' WITH GRANT OPTION;
FLUSH PRIVILEGES;
```

同时，修改服务器的 Redis 数据库配置文件/etc/redis. conf，允许远程访问，如下所示：

```
#允许外网访问
bind 0.0.0.0
daemonize NO
protected-mode no
```

随后重启 Redis 服务。至此，相关配置的修改就完成了。

10.2.3 打包镜像

现在我们需要将项目实体和 Supervisor 打包到 Docker 镜像内。

首先编写 Supervisor 的配置文件 supervisord. conf，如下所示：

```
[supervisord]
```

```
nodaemon = true

[program:edu-8000]
command = python3.10 /root/tornado_edu/main.py
directory = /root/tornado_edu
autorestart = true

[program:edu-8001]
command = python3.10 /root/tornado_edu/main.py --port = 8001
directory = /root/tornado_edu
autorestart = true
```

这里和10.1.3小节中的不同，我们配置了两个Tornado进程，分别运行在8000和8001端口。如此，Nginx服务器就可以将请求进行负载均衡处理，缓解请求压力。

随后编写Docker容器配置文件Dockerfile，如下所示：

```
FROM mirekphd/python3.10-ubuntu20.04
RUN rm -rf /var/lib/apt/lists/*
RUN apt-get update --fix-missing -o Acquire::http::No-Cache = True
RUN apt install -y supervisor
RUN mkdir /root/tornado_edu
WORKDIR /root/tornado_edu
COPY requirements.txt ./
RUN yes | apt-get install gcc
RUN python3 -m pip install --upgrade pip
RUN pip install -r requirements.txt -i https://pypi.tuna.tsinghua.edu.cn/simple

COPY . .
ENV LANG C.UTF-8

# supervisord
RUN mkdir -p /var/log/supervisor
COPY supervisord.conf /etc/supervisor/conf.d/supervisord.conf

RUN echo user = root >>  /etc/supervisor/supervisord.conf

# run
CMD ["/usr/bin/supervisord","-n"]
```

这里拉取Python 3.10的基础镜像，安装Supervisor软件，将项目实体和配置文件拷贝到镜像内，最后通过Supervisor启动Tornado服务。

随后运行以下命令进行打包操作：

```
docker build -t 'tornado_edu'.
```

打包成功之后，会显示在镜像列表中，通过 docker images 命令返回：

```
REPOSITORY      TAG       IMAGE ID       CREATED             SIZE
tornado_edu     latest    509e2e993fae   About an hour ago   454MB
```

接着启动容器：

```
docker run  - d - p 8000:8000 8001:8001 tornado_edu
```

这里将容器内的 8000 和 8001 端口上的服务映射到宿主机，让宿主机的服务可以正常访问。

随后修改服务器的 Nginx 配置文件/etc/nginx/nginx. conf，如下所示：

```
upstreamedu{
    ip_hash;
    server 127.0.0.1:8000;
    server 127.0.0.1:8001;
}
```

这里我们将传统的轮询策略改为 ip_hash 方式的负载均衡策略，如果用户已经访问了某个 Tornado 服务，当用户再次访问时，会将该请求通过哈希算法，自动定位到该服务。

随后重启 Nginx 服务，开启浏览器进行访问，如果图 10-8 所示。

图 10-8 容器式部署

可以看到，最终访问效果和传统式部署是一致的。

10.2.4 镜像上传

镜像打包好之后，我们可以将项目镜像上传到云端仓库，下次如果用到项目，镜像直接在线拉取即可，不需要进行重复的打包操作。

首先登录到线上镜像仓库官网：hub. docker. com。

单击创建新镜像，如图 10-9 所示。

接着，我们需要对服务器本地的镜像重命名。这里重命名为 zcxey2911/tornado_

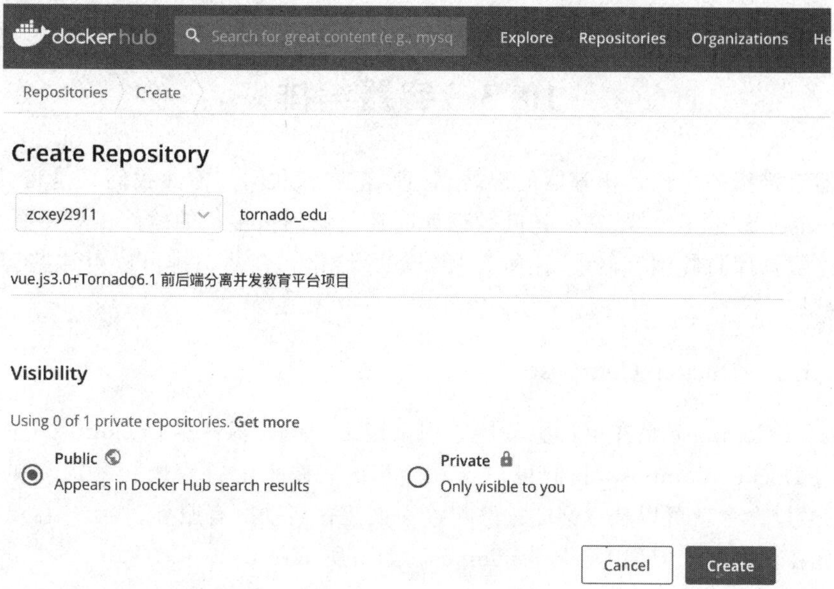

图 10 - 9 创建线上镜像

edu,因为要与线上的镜像仓库对应,如下所示:

```
docker tag tornado_edu zcxey2911/tornado_edu
```

随后登录线上仓库账号,如下所示:

```
docker login
```

登录成功之后,使用以下命令将服务器本地的镜像推送到线上仓库:

```
docker push zcxey2911/tornado_edu
```

推送完成后,就可以在线上看到镜像信息了,如图 10 - 10 所示。

图 10 - 10 线上镜像信息

至此,容器式部署流程就结束了。

10.3 容器编排

容器编排指的是自动化容器的部署、管理、扩展和联网。前面我们只是将 Tornado 和 Supervisor 放进了容器，它们访问数据库时还是访问宿主机的软件。只要愿意，我们也可以将数据库封装到容器中，让所有服务都容器化。容器编排可以对这些容器进行管理和部署。

10.3.1 Docker-Compose

Docker-Compose 是在单台服务器中用于定义和运行多容器 Docker 应用程序的工具。通过 Docker-Compose，我们可以使用 YML 文件来配置应用程序需要的所有服务，然后通过命令就可以从 YML 文件配置中创建并启动所有服务。

首先在服务器上安装 Docker-Compose，如下所示：

```
sudo curl -L https://github.com/docker/compose/releases/download/1.21.2/docker-compose-$(uname -s)-$(uname -m) -o /usr/local/bin/docker-compose
sudo chmod +x /usr/local/bin/docker-compose
```

安装完毕后，检查 Docker-Compose 版本号：

```
docker-compose -v
```

系统返回，如下所示：

```
docker-compose version 1.21.2, build a133471
```

随后在项目根目录建立 docker-compose.yml 文件，如下所示：

```
version: '3'
networks:
    edu-net:
        driver: bridge
services:
    tornado:
        build: .
        ports:
            - "8000:8000"
            - "8001:8001"
        networks:
            - edu-net
        restart: always
    mysql:
        container_name: mysql
```

```
        image: mariadb:10.4
        ports:
            - 3307:3306
        environment:
            MYSQL_ROOT_PASSWORD: root
        volumes:
            - ./scripts:/docker-entrypoint-initdb.d/
        restart: always
        networks:
            - edu-net
    redis:
        container_name: redis
        image: redis:5.0.7
        ports:
            - 6380:6379
        environment:
            MYSQL_ROOT_PASSWORD: root
        restart: always
        networks:
            - edu-net
```

这里分别分装了三套服务:Tornado、Mysql和Redis。它们分别在不同的容器中,通过网络桥接的方式相互访问。注意,Mysql容器在首次运行时需要读取项目scripts目录中的init.sql文件,建立对应的项目数据库以及数据表很重要。

接着修改项目的配置文件config.py,如下所示:

```
# mysql数据库配置
mysql_db = "edu"
mysql_user = "root"
mysql_password = "root"
mysql_host = "mysql"
#mysql_host = "localhost"
mysql_port = 3306

# redis数据库配置
redis_link = "redis"
#redis_link = "redis://localhost"
```

这里需要把数据库地址分别修改为容器名称,端口为容器内部端口号。

随后在项目根目录启动服务:

```
sudo docker-compose up
```

所有服务就全部一键启动了,如下所示:

```
Name                 Command                  State     Ports
---------------------------------------------------------------------
mysql                docker-entrypoint.sh     Up        0.0.0.0:3307->3306/tcp
mysqld  redis        docker-entrypoint.sh     Up        0.0.0.0:6380->6379/tcp
redis ...   tornado_edu_tornado_1   /usr/bin/supervisord -n   Up   0.0.0.0:8000->8000/
tcp,0.0.0.0:8001->8001/tcp
```

至此,Docker-Compose 对多容器服务的操作就完成了。

10.3.2 Kubernetes

Kubernetes 是由 Google 开发的容器编排工具。和 Docker-Compose 相比,它可以在多台服务器上运行和连接容器,在集群级别的容器编排与管理领域,Kubernetes 已经成为了一个事实标准。

首先需要在服务器上安装 Kubernetes,运行以下命令修改安装源:

```
cat << EOF > /etc/yum.repos.d/kubernetes.repo
[kubernetes]
name=Kubernetes
baseurl=https://mirrors.aliyun.com/kubernetes/yum/repos/kubernetes-el7-x86_64/
enabled=1
gpgcheck=1
repo_gpgcheck=1
gpgkey=https://mirrors.aliyun.com/kubernetes/yum/doc/yum-key.gpg https://mirrors.
aliyun.com/kubernetes/yum/doc/rpm-package-key.gpg
EOF
```

随后运行以下安装命令:

```
yum install -y kubectl
```

安装好之后查看版本:

```
kubectl version
```

系统返回,如下所示:

```
WARNING: This version information is deprecated and will be replaced with the output from
kubectl version --short.  Use --output=yaml|json to get the full version.
Client Version: version.Info{Major:"1", Minor:"24", GitVersion:"v1.24.0", GitCommit:"
4ce5a8954017644c5420bae81d72b09b735c21f0", GitTreeState:"clean", BuildDate:"2022-05-
03T13:46:05Z", GoVersion:"go1.18.1", Compiler:"gc", Platform:"linux/amd64"}
Kustomize Version: v4.5.4
```

接着运行以下命令,安装 minikube(单机版本的 Kubernetes):

```
curl -Lo minikube https://storage.googleapis.com/minikube/releases/latest/minikube-
```

```
linux-amd64
    chmod +x minikube
    mkdir -p /usr/local/bin/
    install minikube /usr/local/bin/
```

安装好之后,启动 Kubernetes:

```
minikube start --driver=none
```

虽然都是容器编排工具,但是 Kubernetes 的配置文件和 Docker-Compose 并不一样。为了避免重复编写配置文件的情况,我们可以利用 Kompose,它能够简单地完成将项目配置从 Docker-Compose 到 Kubernetes 的转换过程,这样就为 Docker 用户打开了 Kubernetes 的大门。

安装 Kompose:

```
sudo yum -y install kompose
```

随后在项目的根目录运行转换命令:

```
kompose convert
```

系统返回,如下所示:

```
INFO Network edu-net is detected at Source, shall be converted to equivalent NetworkPolicy at Destination
INFO Network edu-net is detected at Source, shall be converted to equivalent NetworkPolicy at Destination
INFO Network edu-net is detected at Source, shall be converted to equivalent NetworkPolicy at Destination
INFO Kubernetes file "mysql-service.yaml" created
INFO Kubernetes file "redis-service.yaml" created
INFO Kubernetes file "tornado-service.yaml" created
INFO Kubernetes file "mysql-deployment.yaml" created
INFO Kubernetes file "mysql-claim0-persistentvolumeclaim.yaml" created
INFO Kubernetes file "edu-net-networkpolicy.yaml" created
INFO Kubernetes file "redis-deployment.yaml" created
INFO Kubernetes file "tornado-deployment.yaml" created
```

这里 Kompose 通过分析 docker-compose.yml 文件从而生成多个 Kubernetes 的配置文件,但这些配置文件不能直接使用,有些地方需要进行修改。

首先打开 tornado-deployment.yaml 文件,将镜像地址修改为 10.2.4 小节中上传到线上仓库的地址,如下所示:

```
containers:
    - image: zcxey2911/tornado_edu
      name: tornado
```

```
        ports:
            - containerPort: 8000
            - containerPort: 8001
        resources: {}
    restartPolicy: Always
```

修改 tornado-service.yaml 文件，将服务类型改为 NodePort 并且进行端口映射配置，如下所示：

```
apiVersion: v1
kind: Service
metadata:
    annotations:
        kompose.cmd: kompose convert
        kompose.version: 1.26.1 (HEAD)
    creationTimestamp: null
    labels:
        io.kompose.service: tornado
    name: tornado
spec:
    ports:
        - name: "8000"
        port: 8000
        targetPort: 8000
        nodePort: 32143
        - name: "8001"
        port: 8001
        targetPort: 8001
        nodePort: 32144
    selector:
        io.kompose.service: tornado
    type: NodePort
status:
    loadBalancer: {}
```

修改完配置文件后，就可以启动 Kubernetes 容器了。在项目根目录运行以下命令：

```
kubectl apply $(ls *.yaml | awk '{ print " -f " $1 }')
```

启动之后，可以通过 kubectl get services 命令进行查看：

```
kubectl get services

NAME        TYPE        CLUSTER-IP    EXTERNAL-IP   PORT(S)      AGE
kubernetes  ClusterIP   10.96.0.1     <none>        443/TCP      3h51m
```

```
mysql     ClusterIP   10.107.175.226  <none>    3307/TCP                         3h50m
redis     ClusterIP   10.100.183.151  <none>    6380/TCP                         3h50m
tornado   NodePort    10.108.57.233   <none>    8000:32143/TCP,8001:32144/TCP    3h50m
```

这里 Mysql 和 Redis 还是传统的 ClusterIP 模式，因为它们并不需要外部请求，而 Tornado 服务设置为 NodePort 模式。这样我们就可以在宿主机通过端口映射的方式对 Tornado 服务进行访问了，如图 10-11 所示。

图 10-11　访问 Kubernetes 服务

至此，Kubernetes 对项目容器的操作就完成了。

10.4　本章总结

本章分别采用传统和容器两种方式对项目进行了部署。相比传统方式，容器化是目前的潮流趋势，其采用的速度和规模都会大幅提高。它还能够让开发人员更快捷、更安全地创建和部署项目。尽管会有一定的成本，但随着环境的发展和技术日趋成熟，容器相关的成本将逐步下降。

10.5　结束语

随着项目成功地部署到生产环境，我们的 Tornado 之旅也要告一段落了，但您的技术探索之路还很长。Torando 是一款在并发异步编程领域“开风气之先”的框架，言语不能赞其伟大，异步编程是大势所趋，Django 和 Flask 也先后更新了其异步版本。黄河之水源可滥觞，星星之火正在燎原，不久的将来，我们都会感到并发异步编程的灼人热度。

对于 Tornado，其实并没有一个“标准”的使用方式，在千万个开发者眼中，Tornado 也可以是千万种样子，这才是它的魅力所在。对于开发者，难的是保持一颗对技术探索和实践的初心。胡适先生曾提出过“大胆地假设，小心地求证”的观点，笔者认为这是不刊之论，是放之四海而皆准的宗旨。在开发过程中，不为过往的先入之见所限，不为权威所囿，能够放开手脚，敞开胸怀，慧眼独具，一反窠臼，提出自己的假设，甚至胡思乱想，妙想天开，未尝不可。

本书所有涉及的源码开源均在 https://github.com/zcxey2911/Tornado6_Vuejs3_Edu 上，如有错漏，还望诸君不吝斧正。

参考文献

[1] Facebook. Tornado 6.3.3 documentatio. (2023—01—20)[2023-03-15]. https://www.tornadoweb.org/en/stable/.

[2] 日本 BePROUD 股份有限公司. Python 项目开发实战. 2 版. 支鹏浩,译. 人民邮电出版社,2016.

[3] (法)Aurélien Géron. 机器学习实战:基于 Scikit-Learn、Keras 和 TensorFlow. 2 版. 宋能辉,李娴,译. 北京:机械工业出版社,2020.

[4] 胡适. 胡适思想录:第 1 册 人生策略. 北京:中国城市出版社,2012.